劳动教育
教学手册

许本洲　吕克鹏　程小青
主编

中国农业科学技术出版社

图书在版编目（CIP）数据

劳动教育教学手册/许本洲，呙克鹏，程小青主编．—北京：中国农业科学技术出版社，2021.6

ISBN 978-7-5116-5329-1

Ⅰ.①劳… Ⅱ.①许… ②呙… ③程… Ⅲ.①劳动教育－中小学－教学参考资料 Ⅳ.①G633.933

中国版本图书馆CIP数据核字（2021）第099013号

责任编辑 张志花
责任校对 李向荣
责任印制 姜义伟 王思文

出 版 者 中国农业科学技术出版社
北京市中关村南大街12号 邮编：100081
电　　话 （010）82106636（编辑室）（010）82109702（发行部）
（010）82109709（读者服务部）
传　　真 （010）82106631
网　　址 http://www.castp.cn
经 销 者 各地新华书店
印 刷 者 北京中科印刷有限公司
开　　本 170毫米×240毫米 1/16
印　　张 10
字　　数 155千字
版　　次 2021年6月第1版 2021年6月第1次印刷
定　　价 60.00元

编 委 会

主　编：许本洲　呙克鹏　程小青

副主编：郭　华　聂荣军

编　委：邹振强　宋文轩　陈远谋　郝超群　任　艳

田　雨　李　瑞　王海彦

在劳动中收获快乐

——写在《劳动教育教学手册》付梓之际

习近平总书记在2018年全国教育大会上作出重要指示："要在学生中弘扬劳动精神，教育引导学生崇尚劳动、尊重劳动，懂得劳动最光荣、劳动最崇高、劳动最伟大、劳动最美丽的道理，长大后能够辛勤劳动、诚实劳动、创造性劳动。"为了贯彻这一指示精神，中共中央、国务院出台了《关于全面加强新时代大中小学劳动教育的意见》（以下简称《意见》），《意见》强调：把劳动教育纳入人才培养全过程，贯通大中小学各学段，贯穿家庭、学校、社会各方面……把握育人导向，遵循教育规律，创新体制机制，注重教育实效，实现知行合一，促进学生形成正确的世界观、人生观、价值观。

当下，学校必须对劳动教育形成清晰、准确的认识，把握劳动教育的精神实质。劳动教育是学生成长的必要途径，具有树德、增智、强体、育美的综合育人价值；劳动教育是发挥劳动的育人功能，对学生进行热爱劳动、热爱劳动人民的教育活动；劳动教育是帮助学生树立正确的劳动观念、具备必要的劳动能力、培育积极的劳动精神、养成良好的劳动习惯和品质的关键路径。在教育实践中，职业院校如在教育教学中有效开展劳动教育，必能在新时代的大潮中培养出更多、更好的建设者。

南京六合中等专业学校顺应地区经济社会发展的需要，经过数年耕耘，建成了智慧农业现代专业群，该专业群被南京市教育局立项为专业学院进行高品质建设。在智慧农业专业学院建设的过程中，学校领导一直在思考：如何结合智慧农业的专业特点编写出适合中小学开展劳动教育的校本教材。为此，学校开展了广泛的调研，牵手行业企业开展了教材创制工作。经过反

PROLOGUE 推荐序

复细致地修改，第一本工作手册式校本教材终于要付梓了。这既是一次以任务为导向的工作手册式教材编写的尝试，又是一次校企合作共同开发教材的探索之旅。编写这本工作手册式教材的过程中，编写组成员坚持了教学目标体现需求导向、教学内容体现工作任务导向、教学方法体现学生发展本位导向、教材功能体现动态生成导向、编写主体体现双元组合导向等原则，力求将知识性、思想性、体验性、可操作性融为一体，激发学生的好奇心和创造力，让学生了解和爱上现代农业。基于这样的理解，教材在编写时紧扣以下几个关键点。

体现原创价值。教材中除了“智学加油站”中的普及性知识外，其他所涉及的产品创意、制作过程等均出自智慧农业专业学院师生以及企业工程师的共同原创。教材编写的过程也是脑力激荡、创意变成产品并生产制作出来的过程。

强调新颖实用。教材内容紧紧围绕现代农业发展的新技术、新工艺和新方法展开，如垂直农业、无土栽培、智能植物工厂等现代农业产业正在积极推广和运用的新技术、新模式，同时结合区域文化、诗词、典故等寓文化于农业种植。在形式上，结合视频、微课、实训平台等形成立体化的教学资源库。

坚持任务导向。从“创意工坊”中的概念构思，到“制作”步骤中的要点详解；从“校园寻宝”中的脑洞大开，到“成品展示”中的结果呈现；从“养护方法”和“养护记录”中的日常管理，到“智学加油站”中的知识梳

PROLOGUE

理；从“校园之外”的开阔眼界，到“考考你”中的技能和知识检验，教材以任务为导向进行整体构思和设计，体现了“学中做”和“做中学”的完美结合。

突出双元主体。在教材编写过程中，充分发挥了“学校”和“企业”双元主体的优势和特长。学校负责保证教材政治方向的正确性、教学目标结构和内容结构的合理性、语言表达的规范性等。企业负责提供典型的生产工艺流程、典型案例、现场数据、图像、视频素材等。虽然在编写过程中，也出现过双方面红耳赤、据理力争的情景，但正是这种争论和磨合，使教材变得更接地气，兼具了实用性和教学适用性。

本教材可作为中等职业院校涉农类专业项目教学和案例教学的辅助教材，亦可作为学校劳动教育的实践性指导手册。因时间仓促，经验有限，编写过程中难免出现疏漏，欢迎广大老师、同学和读者朋友们批评指正，期待你们的宝贵意见和建议。

最后，感谢编写团队老师们的辛勤付出，感谢企业团队的参与和大力支持！也敬请关注该工作手册式教材2.0版本的推出。

编　者

2021年3月于南京

CONTENTS 目录

Chapter 1 木石传说

CONTENTS

Chapter 2 音韵茉莉

CONTENTS 目录

Chapter 3
果宝特攻

CONTENTS

Chapter 4 菜菜微耕

Chapter 5 菜菜植物工厂

CONTENTS 目录

CONTENTS

Chapter 6 垂直农业体验站

Chapter 1

木石传说

在朦胧的记忆中，依稀听得黛玉嘤嘤的悲涕，还有宝玉那一声声带着稚嫩的“姐姐”……，可谓“无我原非你，从他不解伊。肆行无碍凭来去。茫茫着甚悲愁喜，纷纷说甚亲疏密。从前碌碌却因何？到如今回头，试想真无趣！”让我们走进木石传说。

《红楼梦》

1.1 创意工坊

林黛玉的前世是三生石畔的“绛珠草”，贾宝玉的前生是“神瑛侍者”，用雨花石打造的微景观就像那娇艳的“绛珠草”，而全光谱种植箱就像“神瑛侍者”一样，守护着微景观，给微景观提供光与水。

这就是“木石传说”微景观。

“木石传说”微景观

小耕，我来给你演示一下制作过程吧！

1.2 木石传说制作

材料准备

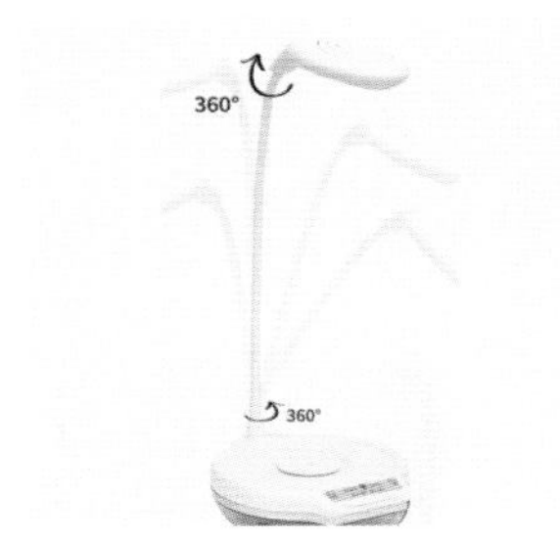

智能植物补光灯

微景观玻璃瓶

蛭石

水苔

营养土

网纹草

袖珍椰子

狼尾蕨

苔藓

雨花石

彩沙

玩偶

微型园艺工具准备

在制作过程当中，需要的工具有微型的铁锹和耙子、沙勺、剪刀、镊子、马克笔、浇水壶、喷雾壶、美工刀、尺子等。

铁锹和耙子

用来加入土壤和调整土壤的紧密度

铁锹

耙子

浇水壶

用来沿着玻璃瓶的内侧向植株浇水

喷雾壶

利用喷雾向植株的叶片浇水，在浇水的同时增加微环境中的湿度

马克笔

用于制作过程标记

沙勺

用来向景观中加沙子

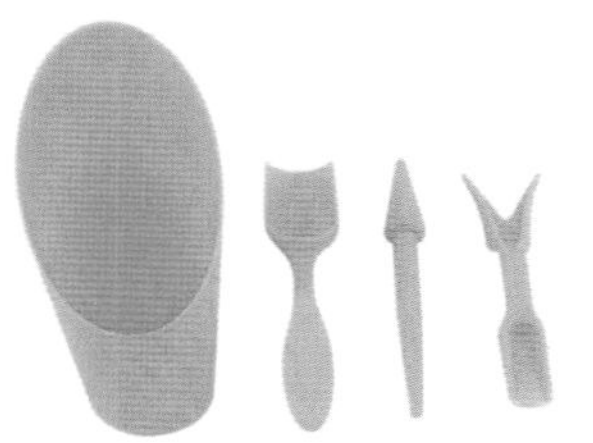

剪刀

用来修剪植物外形或者处理植物根部

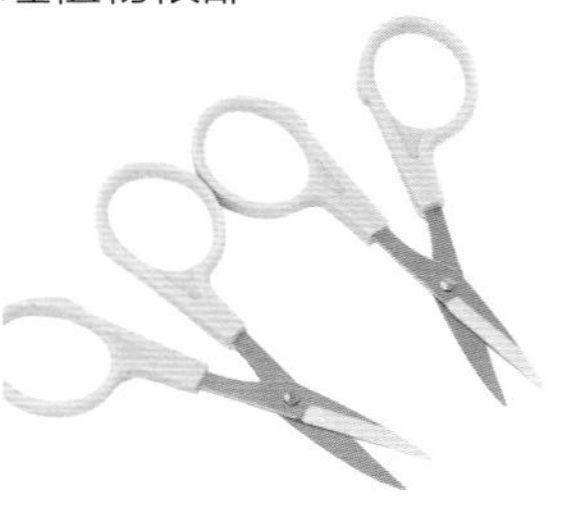

镊子

用来向景观瓶中添加植物

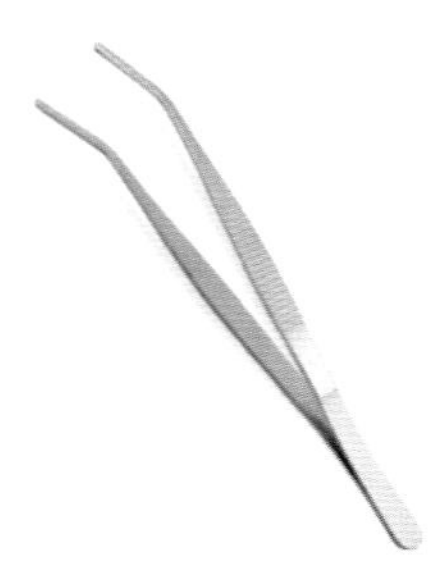

步骤一：在玻璃瓶中放入底石

操作要点

- 底石主要选择具有透气性的一些小石块，如蛭石、陶粒等，如果没有这些材料，也可以选择一些小石子或者沙石来制作。
- 底石放入的要求是把容器底层铺满就好，约1cm就可以了。

步骤二：在玻璃瓶中放入水苔

操作要点

- 水苔主要是由一些干瘪的草碎组成，起保水和护根的作用。
- 把水苔撕碎放到底石上面，只需要薄薄一层即可（厚度约1cm），用手指按压平整。注意一定要用手指或铁锹压平整！

步骤三：在玻璃瓶中加入营养土

操作要点

- 营养土的主要作用是为微景观中的植株提供基础的营养物质，其配比为泥炭土：珍珠岩：蛭石=7：2：1。
- 营养土铺成一定的坡度，高处和低处相差较大，因为器皿内空间有限，增加坡度有利于种植更多植物。铺营养土前后形成的坡度大约需要10°，铺完后土的厚度，应占容器的1/3左右。前景位置的种植土用于固定苔藓，不能过厚，否则影响空间感。
- 土壤的湿度标准是达到60%，即用手去抓拌好的营养土时，营养土在手中可以成型但不流出水；当手放开时，营养土能自然散开，不结团。

步骤四：在玻璃瓶中放入植株

1

2

3

操作要点

- 在放入植株前，需要进行微景观设计。微景观设计的原则是主次分明、重点突出。如狼尾蕨最高，可作为主景，放在最显眼的地方；在主景旁边，可以用袖珍椰子搭配成副主景；而网纹草可以放在玻璃瓶的里面，做为副景，从高到低，错落有致，形成一种观赏美感。微景观的设计没有固定的模式，可根据个人喜好及植物的形状、特性等进行设计和搭配。

- 设计完成后，用镊子、勺子或小铲子等工具在玻璃瓶的营养土中创一个个小坑，依次放入植物。
- 用镊子夹住网纹草根部，以45°角将网纹草插入土壤。放的时候，可以用另外一只手扶着网纹草顶部，然后慢慢抽出镊子，最后用镊子将网纹草周围封填压实。
- 按照上面的方法分别将袖珍椰子、狼尾蕨等植入玻璃瓶中。
- 放置过程中如果发现植物的根部较长，可以用剪刀斜着将根部剪去一部分，根部保留3～5cm即可。

步骤五：在玻璃瓶中铺入苔藓

操作要点

- 铺种苔藓时，将苔藓剔除污垢并整理成合适的大小，放入器皿内，用长勺轻轻按压使其与土壤紧密接触。注意苔藓位置要适当留白，否则显得很不自然。

步骤六：在玻璃瓶中放入雨花石及其他摆件

操作要点

- 在留白间隙处撒上一些漂亮的彩沙并浇湿，如在前景部位撒上一些蓝沙制造河流效果。
- 在适当的位置放入可爱的卡通人物装饰物，可以按自己的想法去铺设，再小心翼翼地擦掉瓶上的污迹和尘埃。
- 在微景观中放入雨花石、小玩偶等进行装饰，营造层次感。

微耕小问答

微微，植物灯有什么作用呀?

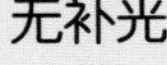

无补光

有补光

补光优点1
全光谱发光
包含植物所需光波段

补光优点2
更有效激发植物花青素
加快叶子的吸收率

补光优点3
能满足双光增益效果，
加快植物后期开花结果

1.3 工作任务

为亲爱的老师、同学们制作一份专属的“木石传说”吧！

制作现场

成果

1.4 校园寻宝

（1）可以用笔盒、塑料瓶等代替微景观玻璃瓶，作为微景观的载体，但容器面积不宜过小。

笔盒

塑料瓶

（2）底石可以用小石子或者小的雨花石代替，它们和蛭石、陶粒具有类似的透气效果。

小石子

雨花石

（3）水苔可以用纱布或者湿纸巾代替，但是湿纸巾需要先用水冲洗干净，并在太阳下晒 5 ～ 6h 才可以使用。

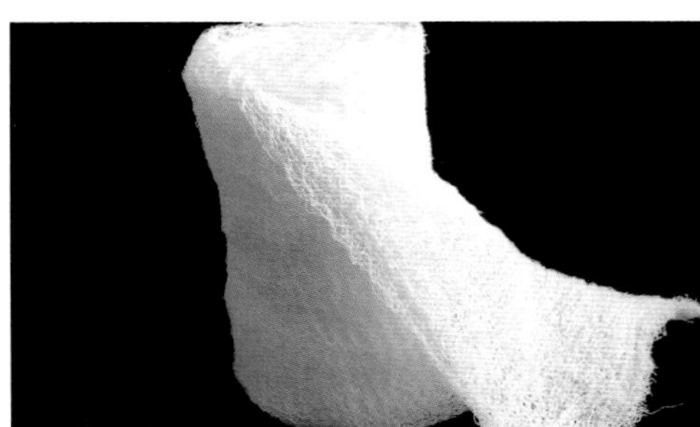
纱布

湿纸巾

（4）营养土可以用不含石子的土壤加碎石渣和掉落的树叶代替。土壤、掉落的树叶和细沙的配比为 5 : 3 : 2。

泥土

碎石渣

落叶

成品

注意　土壤一定要进行杀毒处理！

①土壤要先用开水煮一遍（煮沸 2min），然后当其冷却沉淀以后（约 8h）将上层的水倒干净，将沉淀下来的土搅拌以后在太阳下晒干（4 ～ 6h），这样的土才可以使用。

②树叶要选择叶片比较大的，然后用剪刀将其纵向剪开，宽度为 0.2 ～ 0.3cm，在太阳下晒干使用。

③碎石要洗干净后晒干使用。

（5）苔藓可以在校园的池塘边、树底下、阴暗的角落等长期潮湿的地方找到。

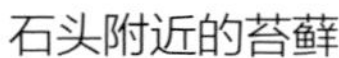

石头附近的苔藓

水池附近的苔藓

阴暗墙体处的苔藓

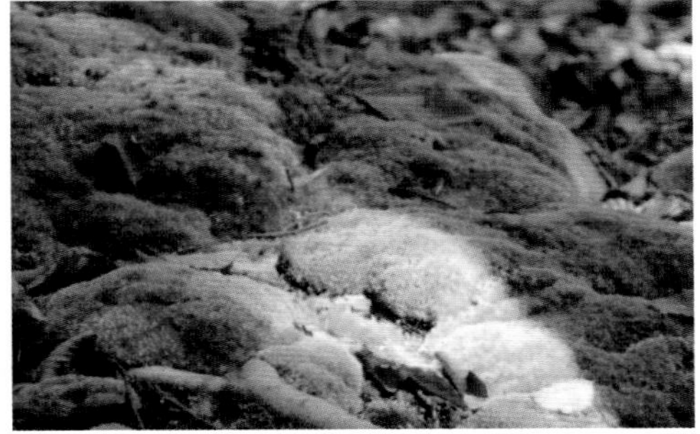

树底的苔藓

⑥狼尾蕨一般长在潮湿的墙后面或者是池塘边长期潮湿的地方。如果校园内找不到狼尾蕨，可以找一些矮小的植株代替。

同学们，开动脑筋，开启你们的发现之旅吧！

1.5 成品展示

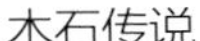

木石传说

肉肉相争

寂寞沙洲

热带雨林

1.6　养护方法

1.6.1　浇水

微景观一般一周浇 2 次水，每次都要浇透。浇透的意思就是看到底部已经有积水，但是不能超过水苔的那一层。根据每个器皿的不同，一般水量在 60 ~ 400mL。

以傍晚浇水最佳，要对准植物根部浇。浇水应以泥土微润、叶子挺拔为准。浇水时最好选用纯净水，以免自来水和矿物质水中的矿物质伤害苔藓。如果因故离开数日，浇水后最好用保鲜膜封好口以保持水分。让微景观内的湿度控制在 70% ~ 85%。

对准植物根部浇水

1.6.2 光照

微景观放置的地方，如果有阳光直射，每天日照时间为 1 ～ 2h(最好是选日出或日落)。如果放置的地方没有阳光，则需要用植物补光灯补光，植物补光灯的光照时间须为 6 ～ 8h。将微景观内温度控制在 10 ～ 35℃。

1.6.3 通风

为了更加接近自然的生长状态，如果是有盖子的容器，最好每天打开盖子让它自然通风 1 ～ 2h。如果没有盖子，切忌长期吹风，以免水分流失太快导致植物干枯。

1.6.4 修剪

微景观中的植物生长速度相对较快，可以按照需要的立意和构图适当修剪，通常半个月修剪一次。其中苔藓不需要修剪，一旦发现瓶中有老叶、残腐叶片一定要及时从叶柄处剪下并用镊子夹出，防止污染。

1.6.5 霉菌处理

因为长期处于湿润环境下，植物有可能会滋生少许霉菌，这种情况可以用紫外线来将其杀死，即用散射光照射 3 ～ 5h。

补光灯补光（上图）
修剪（下图）

1.7　养护记录

微景观养护记录表							
日期	温度（℃）	湿度（%）	土壤温度（℃）	是否浇水	光照时长（h）	异常记录	记录者

1.8 智学加油站

1.8.1 光谱知识

光谱是指植物所能接收到的光的能量范围。植物在进行光合作用的时候需要从太阳光中获取能量，但植物不能获取到太阳光中的所有能量，能获取到的能量在一个特殊的区间，一般在 400 ～ 700nm，即植物生长光合有效辐射。

为了促进光合作用，必须保证植物每天有一定的光照时间。如果没有光照，则需要用植物灯进行补光。一般智能植物灯的光谱是 600nm 左右。

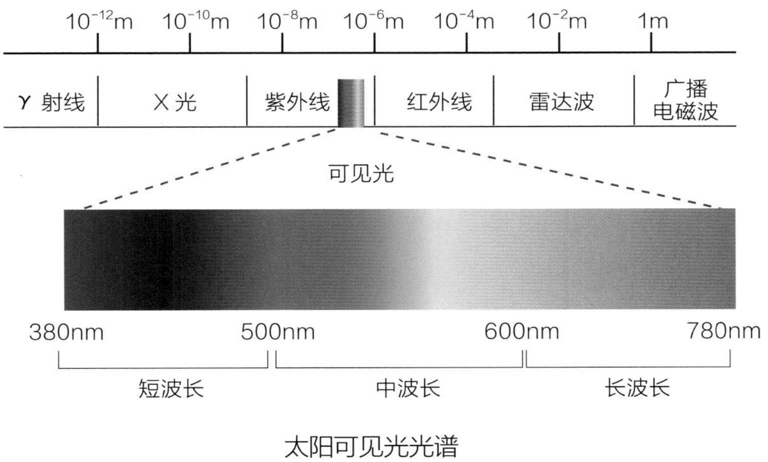

太阳可见光光谱

1.8.2 蕨类植物

蕨类植物又称羊齿植物，是一类进化水平最高的孢子植物。蕨类植物都是喜阴喜湿的植物，一般来说湿度要达到 70% 以上才可以保证蕨类植物舒适地生长。

江苏省南京市六合区常见的蕨类植物有：狼尾蕨、波斯顿蕨、鸟巢蕨、鳞毛蕨、铁角蕨、卷柏等。

狼尾蕨

鳞毛蕨

铁角蕨

卷柏

1.8.3 苔藓

苔藓是一种小型的绿色植物，结构简单，仅包含茎和叶两部分，有时只有扁平的叶状体，没有真正的根和维管束。苔藓喜欢阴暗潮湿的环境，一般生长在裸露的石壁上，或潮湿的森林和沼泽地，要求湿度在 70% 以上，15 ～ 35℃比较适合苔藓的生长。苔藓比较适合微景观的制作。

江苏省南京市六合区常见的苔藓有：溪苔、丛生短月藓、平叶墙藓、凤尾藓等。

溪苔

丛生短月藓

平叶墙藓

凤尾藓

1.9　校园之外

微景观生态瓶近几年在城市里悄然流行……

有人说，每个装在生态瓶里的“微景观”，都是一个会呼吸、会讲故事的童话；还有人说，这些小小的瓶子里，凝聚了都市人对田园和自然的向往，是心灵深处愿望的化身。

有童心的人都喜欢在方寸之间构建自己想象中的世界，制作微景观的过程就是激发创造力的过程。大概每个人的心灵小世界里，都有一栋漂亮的房子，有茂密的大树和五颜六色的蘑菇。微景观生态瓶近几年在城市里悄然流行，将各种干花、篱笆、彩色沙石、可爱的卡通人物、动物等装进一个瓶子里，构成妙趣横生的微场景。

在家中、办公室的案头摆上一盆微景观，劳累疲乏时抬头瞥见那一抹绿色，仿佛跌落到一个简单纯净的童话世界，逃离了城市的钢筋混凝土，逃离了那些繁杂与喧嚣，心仿佛也变得惬意而慢下来。

微景观的世界

高科技的“神瑛侍者”：灯泡种植机

德国一家设计团队研发了一种新产品：灯泡种植机。将植物放入特制的灯泡内，密闭的环境，大大降低了病虫害的发生。种植者可以通过底部的托盘进行植物的更换。

因为有特殊土壤的支撑，植物在没有水供应的环境下也可以存活一年。

这是科技和种植的完美结合，是科技发展带给人们的乐趣，也是科技带给人们的一种心灵洗礼。

灯泡种植机

1.10 考考你

微景观制作需要哪些步骤?

为什么蕨类植物和苔藓适合制作微景观?

你所在的校园里有哪些素材可以做微景观的材料?

如何做好微景观的日常养护工作?

Chapter 2

音韵茉莉

“好一朵美丽的茉莉花，好一朵美丽的茉莉花，芬芳美丽满枝桠，又香又白人人夸……”世界名曲《好一朵美丽的茉莉花》源自南京六合民歌。雨花石是一种天然玛瑙石，也称文石，是南京的著名特产。将名花、名石、名曲、种植相结合，会产生怎样的“化学反应”呢？

茉莉花

2.1　创意工坊

茉莉花采用基质种植的方式，在种植箱的底部加入陶粒，以便茉莉花的根部可以呼吸，然后在基质的最上方放上雨花石进行点缀。茉莉花芳香四溢，雨花石在阳光下熠熠生辉，伴随着优美动听的名曲《好一朵美丽的茉莉花》，令人心旷神怡。

这就是“音韵茉莉”。

小耕，我来给你演示一下制作过程吧！

2.2 音韵茉莉制作

材料及工具准备

音箱种植机

种植+播放音乐

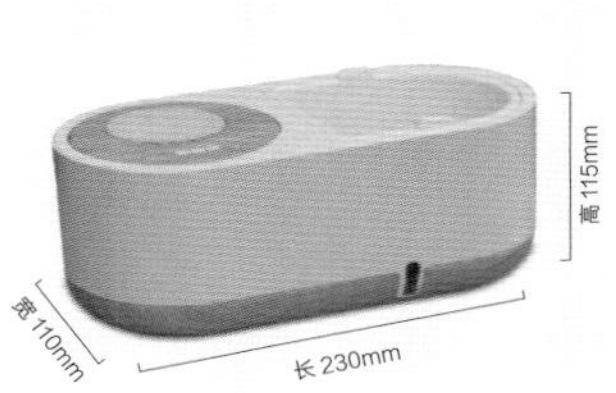

茉莉

清香怡人

波斯顿蕨

丰富植株

雨花石

装点景观

泥炭土

植物生长基础

珍珠岩

调节土壤环境紧密度

骨粉

植物生长营养元素

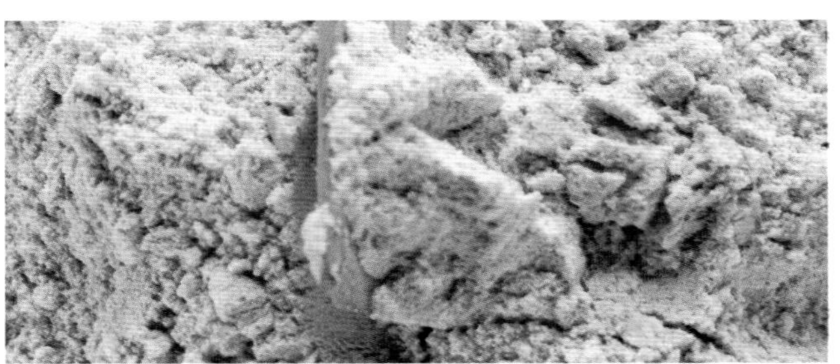

修枝剪

给植物做造型

步骤一：营养土制作

取出泥炭土

加入珍珠岩

加入骨粉

搅拌均匀

加入水搅拌

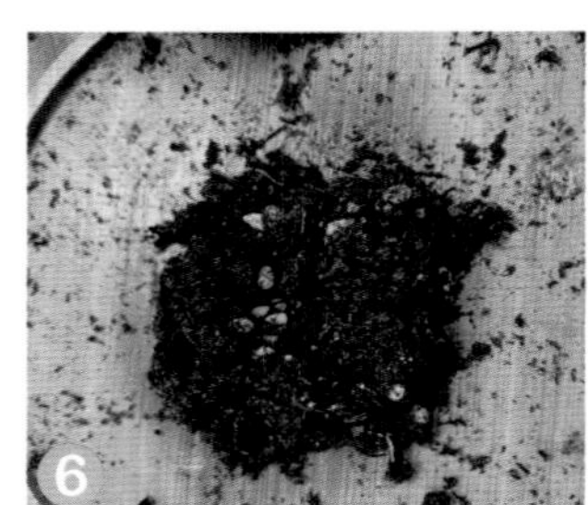

成品

操作要点

- 营养土中泥炭土、珍珠岩和骨粉的比例为7∶2∶1。
- 加水搅拌营养土，搅拌到营养土湿度为60%，即用手去抓拌好的营养土时，营养土在手中可以成型但不流出水；当手放开时，营养土能自然散开，不结团。
- 骨粉一定要混合在营养土当中，要注意搅拌均匀。

步骤二：种植茉莉花

把茉莉花移出

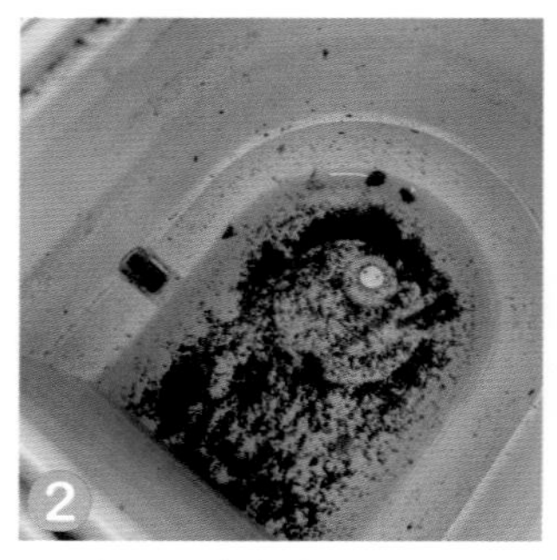

在种植箱底部加入水

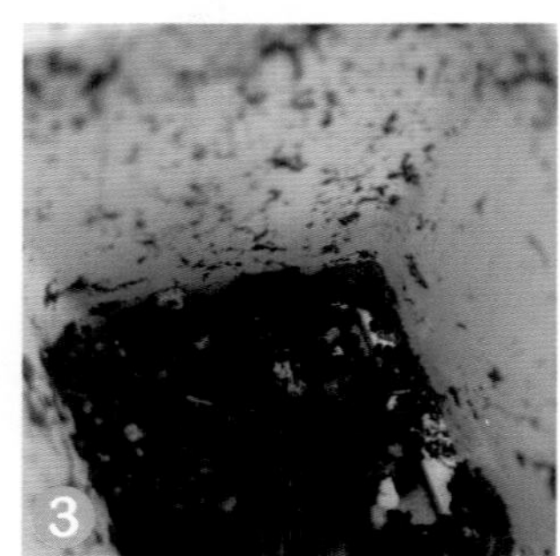

加入营养土

茉莉花种植

操作要点

- 把茉莉花移出来的时候要注意不能伤到其根部，可轻轻拍打花盆的侧面，慢慢地把茉莉花从花盆中取出来，取出后可以抓住茉莉花的茎部轻轻敲击在地面上，把茉莉花带的土清理掉，并用清水清洗一下根部。
- 首先应该在音箱底部加水，否则后面浇水很不方便。
- 第一次加入营养土的时候，只需要铺在底面2～3cm即可。
- 把茉莉花放入以后再加第二次营养土，这次加土的要求是把根部全部掩没，然后用手把营养土压实。

步骤三：装点植株

加入雨花石

加入波斯顿蕨

操作要点

- 加入雨花石，雨花石应该在整个景观中凸显出来，放的时候要讲究一定的美感，可根据自己的喜好添加。
- 在种植波斯顿蕨的时候要进行筛选，如果遇到干瘪的叶片要果断舍弃，因为一旦种进去，可能会将病虫害带入。

- 在种植波斯顿蕨的时候，应尽量使其将茉莉花包围起来，这样看上去更有层次感。
- 用手在音箱种植箱的周围划出一条沟，然后将波斯顿蕨放入。如果波斯顿蕨的根部较长，要用剪刀剪去，根部一般保留20%即可。

2.3　工作任务

为亲爱的老师、同学们制作一份专属的“音韵茉莉”吧！

2.4　校园寻宝

（1）除了茉莉花外，还可以选择其他植物，如一年四季都比较容易生长的吊兰和网纹草等。

吊兰

网纹草

（2）种植容器可以用一个木制的或者陶瓷的碗来代替，音乐可以选择与植物和造型相匹配的歌曲或乐曲。

木制碗

手机音乐

（3）营养土可以用不含石子的土壤加碎石渣和掉落的树叶代替。土壤、掉落的树叶和细沙的配比为 5：3：2。

泥土

碎石渣

落叶

成品

土壤一定要进行杀毒处理！方法可参考12页。

2.5 成品展示

原始森林

魔法球

音韵茉莉

蝶恋花

2.6 养护方法

2.6.1 光照

茉莉花适宜生长的环境温度约为 25℃。定植后放在稍加遮阴的地方 7 ～ 10d 后，才可以逐渐见光，但尽量避免阳光直射。

茉莉花畏寒，冬季在气温下降到 6 ～ 7℃时，应搬入室内，同时注意开窗通风，以免造成叶子变黄脱落。如遇冬季天气暖和时，仍应搬到室外，通风见光。茉莉搬入室内过冬，宜放置在阳光充足的房间里，室温应在 5℃以上。

2.6.2 浇水

茉莉花生长湿度为 50% ～ 70%。定植后，先浇定根水，要浇透，浇到水从盆里溢出即可。根据茉莉喜湿润、不耐旱、怕积水、喜透气的特性，要掌握浇水时间和浇水量。

盛夏季每天要早、晚浇水，浇到土壤湿润即可，如空气干燥，需在叶面上补充喷水。

浇水

春秋季见干见湿，一般 3 ～ 5d 浇一次水，看到土壤干燥时，将其浇透即可。

冬季休眠期，要控制浇水量，如盆土过湿，就会引起烂根或落叶，一般 7 ～ 10d 浇 1 次水，盆土微湿即可。这样，冬季亦能保持枝叶鲜绿，不失其观赏价值。

6–7 月开花时，每 7 ～ 10d 要浇 1 次稀薄矾肥水。

加入花朵朵（水：花朵朵=100：1）

2.6.3 施肥

6–9月开花期间，勤施含磷较多的液肥，最好每2～3d施1次肥，肥料可用腐熟好的豆饼、鱼腥水肥液，或花朵朵肥料。第一次开花后，宜用豆饼等做追肥，施于表土中；开花时酌施骨粉、磷肥，这样可使茉莉花香浓郁。

茉莉花在盛夏高温时，应每4d施肥1次，大肥大水，一般上午浇水，傍晚浇肥，第二天浇水，这样有利于茉莉根部吸收。浇肥不宜过浓，否则易引起烂根。浇前用小铲将盆土略松，不要在盆土过干或过湿时浇肥，在似干非干时施肥效果最好。

一般9月上旬停止施肥，以提高枝条成熟度，有利于越冬。

2.6.4 修剪

为使盆栽茉莉株形丰满美观，花谢后应随即剪去残败花枝，以促使其基部萌发新技，控制植株高度。

修剪前

修剪中

修剪后

2.6.5 病虫害防治

2.6.5.1 白绢病

正常

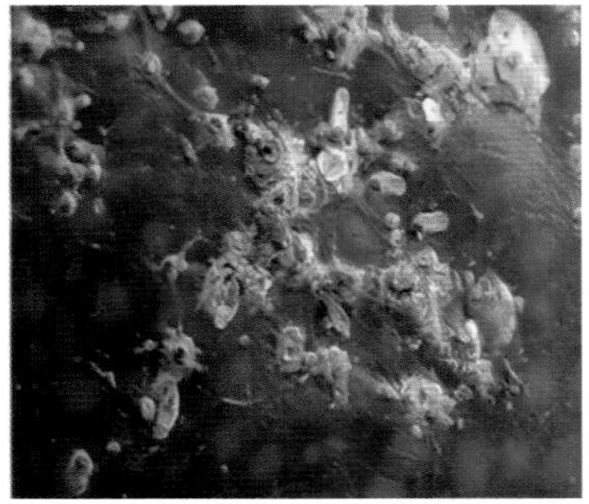
生病

防治方法

- 及时清除病株残体，集中销毁。
- 加强管理，严格检疫，杜绝病源。
- 病初用70%五氯硝基苯药土对周围土壤进行消毒，或喷施1%波尔多液，量取10mL，加入1L水进行稀释，喷洒在叶表面，1周1次。

2.6.5.2 炭疽病

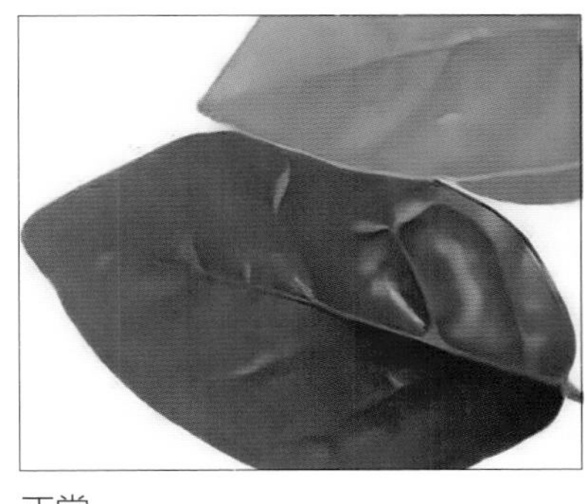
正常

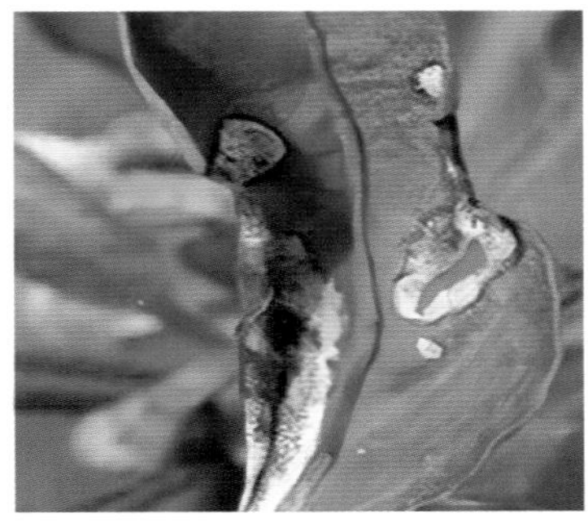
生病

防治方法

- 加强栽培管理，发现病叶及时摘除并销毁。
- 病初喷2～3次70%乐克（600～800倍液），7～10d 1次。

2.6.5.3 叶斑病

正常

生病

防治方法

- 及时剪除病叶并销毁。
- 少施氮肥，增施磷钾肥。
- 病初喷70%乐克（600～800倍液），7～10d 1次，或65%代森锌（600～800倍液），或1∶1∶100的1%等量式波尔多液，7～10d 1次。

2.6.5.4 煤烟病

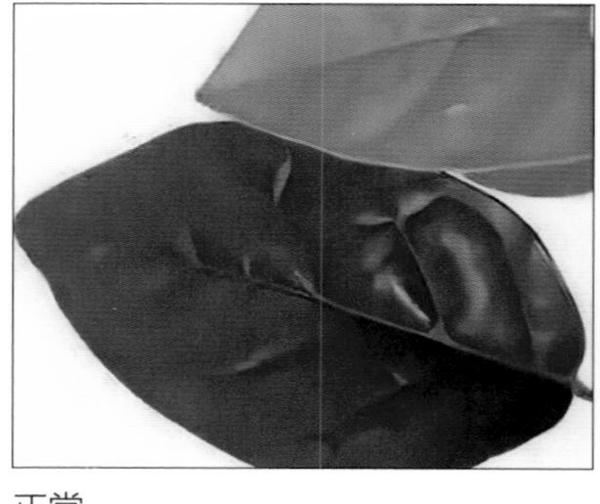
正常

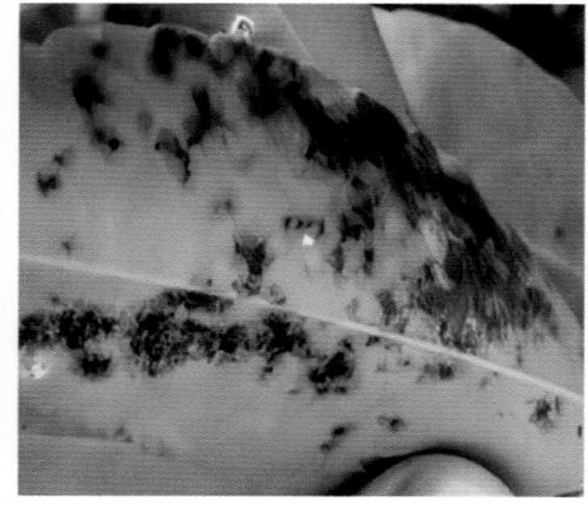
生病

防治方法

- 加强管理，改善通风条件。
- 及时消灭蚜虫、介壳虫。
- 发病前喷洒160倍等量式波尔多液；病初，喷50%多菌灵可湿性粉剂（800～1 000倍液），1周1次。

2.7 养护记录

音韵茉莉养护记录表							
日期	温度(℃)	湿度(%)	土壤温度(℃)	是否浇水	异常记录	开花情况	记录者

2.8 智学加油站

茉莉花

2.8.1 茉莉花花语

茉莉花素洁、浓郁，它的花语表示忠贞、尊敬、清纯、贞洁、质朴、玲珑、迷人。许多国家将其作为爱情之花，青年男女之间，互送茉莉花以表达坚贞爱情。它也作为友谊之花，在人们之间传递。把茉莉花环套在客人颈上使之垂到胸前，表示尊敬与友好，成为一种热情好客的礼节。

2.8.2 诗歌中的茉莉花

行香子·抹利①花

（宋）姚述尧

天赋仙姿，玉骨冰肌。向炎威、独逞芳菲。

轻盈雅淡，初出香闺。是水宫仙，月宫子，汉宫妃。

清夸檐卜，韵胜酴醾。笑江梅、雪里开迟。

香风轻度，翠叶柔枝。与玉郎摘，美人戴，总相宜。

茉莉花

① 抹利即茉莉花。

末丽[②]词

（清）王士禄

冰雪为容玉作胎，柔情合傍琐窗隈。

香从清梦回时觉，花向美人头上开。

茉莉

（宋）杨巽斋

脐麝龙涎韵不侔，熏风移植自南州。

谁家浴罢临妆女，爱把闲花带满头。

2.8.3 植物学中的茉莉花

2.8.3.1 基本知识

茉莉花，木犀科、素馨属，直立或攀缘灌木。花期 5–8 月，果期 7–9 月。叶对生，单叶，叶片纸质，圆形、椭圆形、卵状椭圆形或倒卵形。

2.8.3.2 茉莉花分类

单瓣茉莉

双瓣茉莉

重瓣茉莉

2.8.3.3 茉莉的价值

食用

茉莉花茶有祛寒邪、助理郁的功效，是春季饮茶之上品。茶叶含有大量有

② 末丽即茉莉。

益于人体健康的化合物，如儿茶素、维生素 C、维生素 A、咖啡碱、黄烷醇、茶多酚等，而茉莉花茶也含有大量芳香油、香叶醇、橙花椒醇、丁香酯等 20 多种有益人体的化合物。

药用

根（茉莉根）：苦，温。有毒。麻醉，止痛。用于跌损筋骨、龋齿、头痛、失眠。

叶（茉莉叶）：辛，凉。清热解表。用于外感发热，腹胀泄泻。

花（茉莉花）：辛、甘，温。理气，开郁，辟秽，和中。用于下痢腹痛、目赤红肿、疮毒。

2.8.4 基质栽培

基质栽培是固体基质栽培植物的简称，是用固体基质（介质）固定植物根系，并通过基质吸收营养液和养分的一种无土栽培方式。基质种类很多，常用的有无机基质和有机基质。

无机基质主要是指一些天然矿物或其经高温等处理后的产物作为无土栽培的基质，如沙、砾石、陶粒、蛭石、岩棉、珍珠岩等。它们的化学性质较为稳定，通常具有较低的盐基交换量，蓄肥能力较差。

陶粒

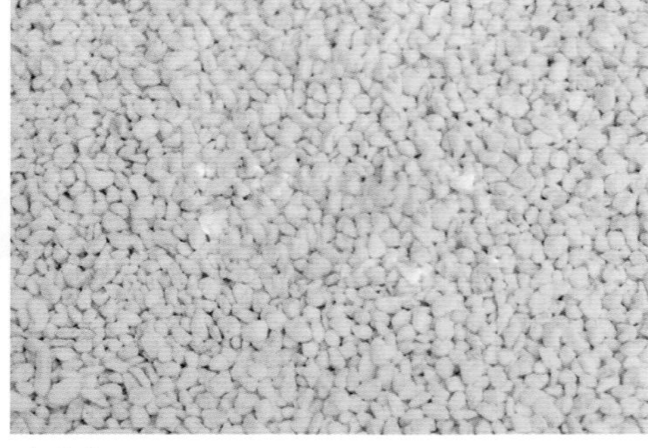

珍珠岩

有机基质则主要是一些含 C、H 的有机生物残体及其衍生物构成的栽培基质，如草炭、椰糠、树皮、木屑、菌渣等。有机基质的化学性质常常不太稳定，它们通常有较高的盐基交换量，蓄肥能力相对较强。

一般说来，由无机矿物构成的基质，如沙、砾石等的化学稳定性较强，不会产生影响酸碱平衡的物质；有机基质如泥炭、锯末、稻壳等的化学组成复杂，对营养液的影响较大，使用初期会由于微生物的活动，发生生物化学反应，影响营养液的平衡，引起氮素严重缺乏，有时还会产生有机酸、酚类等有毒物质。因此，用有机物做基质时，必须先堆制发酵，使其形成稳定的腐殖质，并降解有害物质，才能用于栽培。此外，有机基质具有较高的盐基交换量，故缓冲能力比无机基质强，可抵抗养分淋洗和 pH 过度升降。

2.9 校园之外

湖边的茉莉花——南京六合规划展示馆 · 茉莉花馆

茉莉花馆位于南京市六合区龙池湖北侧，紧邻六合区政府，项目总用地面积 11 300m^2，总建筑面积 7 250m^2。展馆以茉莉花为造型概念，将不同体量以花瓣赋形，在不同功能独立分区的基础上，实现各部分景观朝向的最优化配置。

茉莉花馆集规划展示、市民活动、会议培训等功能于一体，是六合区提升城市形象、完善城市展示功能的标志性建筑（由张雷联合建筑事务所授权建筑学院编辑发布）。

茉莉花馆

2.10 考考你

如何制作音韵茉莉?

你最喜欢哪首关于茉莉花的诗歌？为什么?

如何进行茉莉花的日常养护?

茉莉花有哪些病害？如何防治?

Chapter 3

果宝特攻

果冻武术学院本来是一个和谐的地方，果冻们在里面快乐地学习、玩耍。不料有一天来了一个不速之客——贼眉鼠眼，他是四大恶贼之一，扰乱了学院里的安宁。方丈为了维护和平，把夜燕以及上官子怡等人赶到天山上，而自己则把师傅留下的三把宝剑赐予了橙留香、菠萝吹雪和陆小果。果宝特攻们听说大魔头东方求败和四大恶贼给七色彩莲下毒，残害村民，就下定决心要为民除害。

在种植果菜过程中，也要像勇敢的果宝特攻们一样，与病虫害及不良环境因素作斗争，像特工一样守护我们的果宝宝们。

果宝特攻

3.1 创意工坊

利用智能水培箱作为生产工具，进行水培果菜的栽培。在生产和管理过程中，会出现病虫害、营养不良等各种问题，要像果宝特攻一样，十八般武艺样样精通，在与病虫害作斗争的过程中，不断学习新知识，提高动手操作能力。

果宝特攻

小耕，我来给你演示一下制作过程吧！

3.2 果宝特攻制作

材料及工具准备

水培种植箱

种植的载体

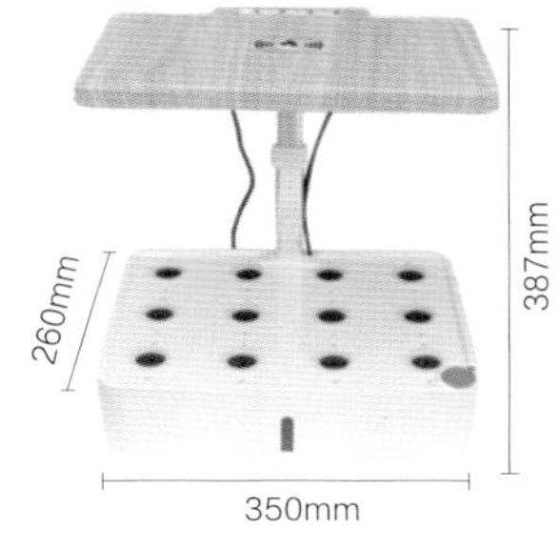

樱桃番茄种子

选用樱桃番茄进行水培种植

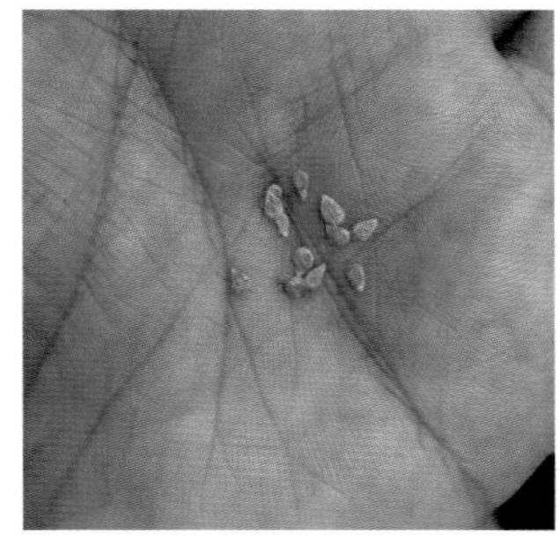

培养棉

用来育苗和固定植株根部

纱布

醒种

水溶肥

满足植株日常养分需求

刻度瓶

规范化操作

pH测试仪

测试植株酸碱度

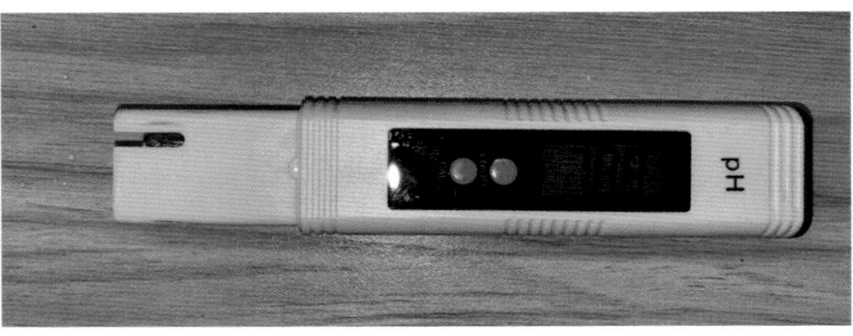

EC测试仪

测试溶液的电解度

温湿度显示器

监控环境温湿度

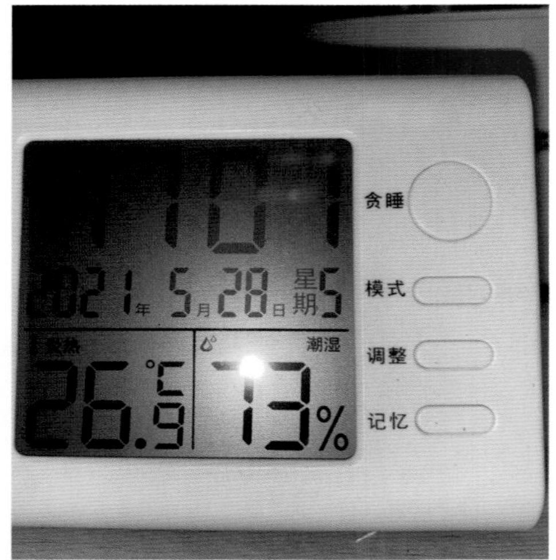

剪刀

修剪植株

定植杆

辅助植株生长

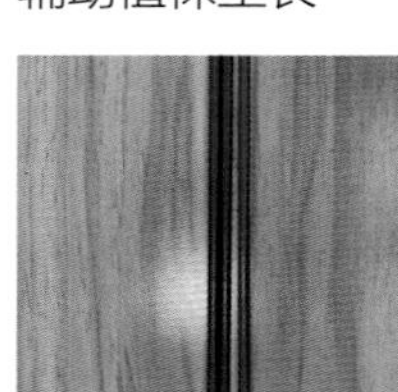

毛笔

开花授粉

镊子

育苗时夹种子

步骤一：醒种

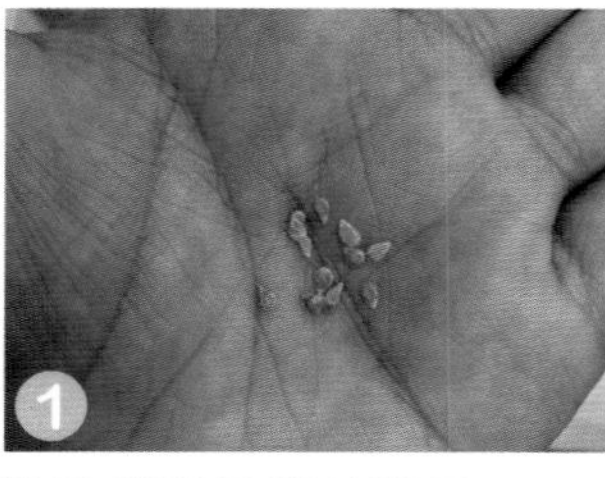

① 选取颗粒饱满的种子

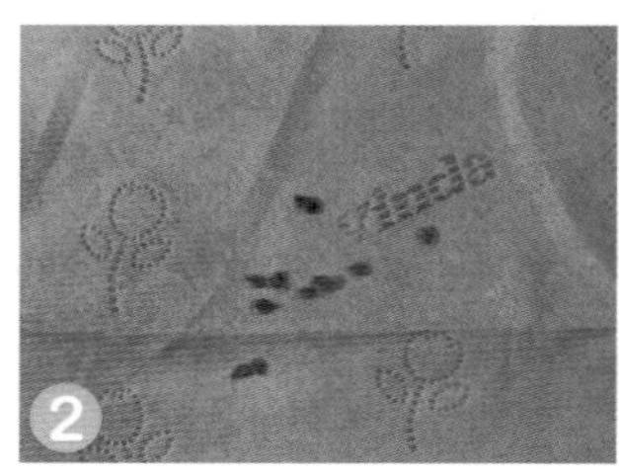

② 用纱布将种子包裹好

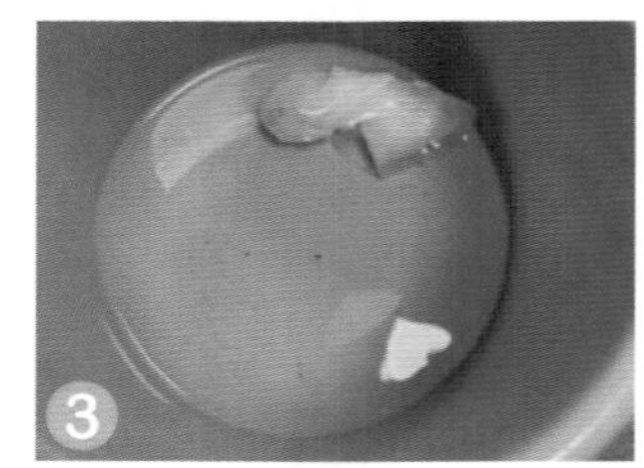

③ 将包裹好的种子放入 40～60℃的温水中

操作要点

- 种子一定要选择颗粒饱满的，不能有小黑点、不能干瘪，以提高种子的发芽率和存活率。

- 用纱布包裹时不能包太紧，不让种子漏出来即可。
- 将种子放入热水中时必须先让纱布完全吸满水。
- 热水的温度应该在40～60℃。
- 种子放入热水中醒种时需要多次更换热水，更换的频率为春秋1h 1次，夏季2h 1次，冬季半个小时1次。醒种的时间需要达到4～6h。

步骤二：育苗

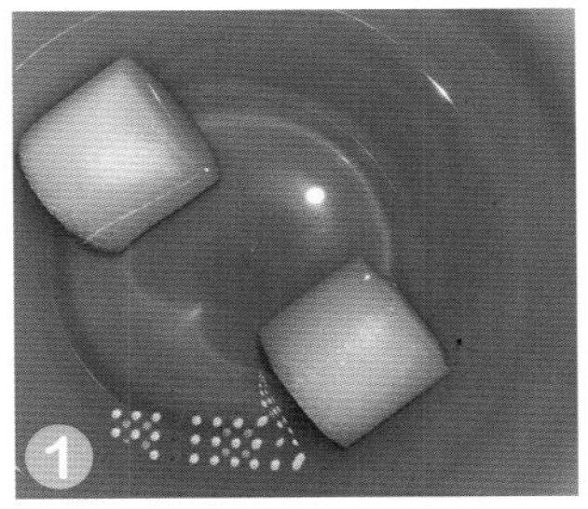
将培养棉浸没在水中吸水

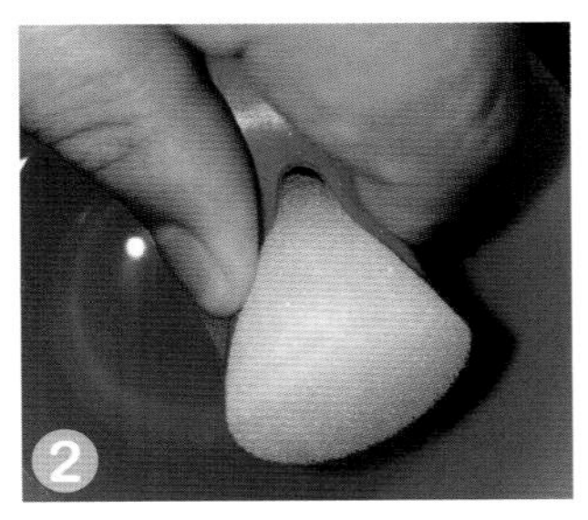
夹取一个已经吸好水的培养棉

用镊子将已经进行过醒种处理的樱桃番茄种子夹起

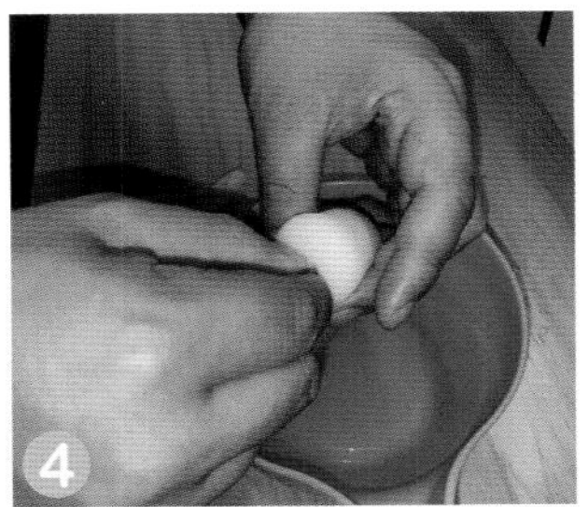
左手拿住培养棉，用右手向培养棉内加入种子

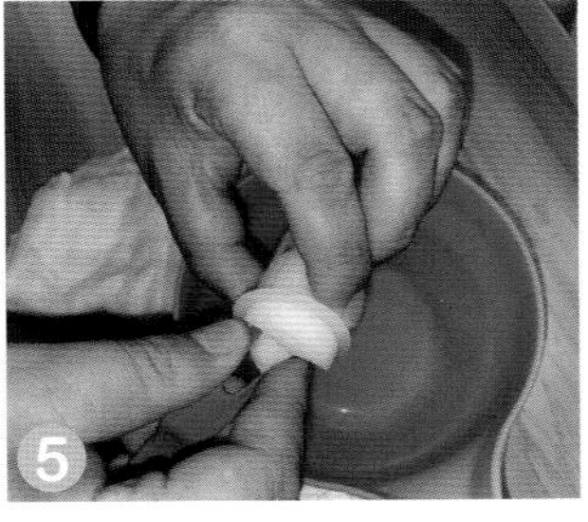
将培养棉放入种植箱的固定槽当中

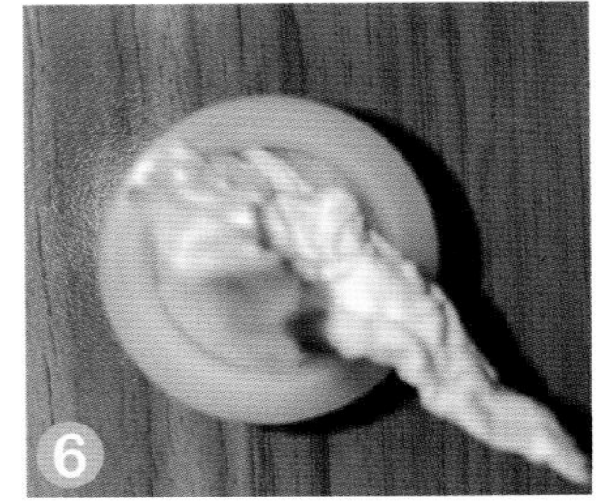
将餐巾纸折叠成如图所示，对种植好的种子进行暗处理（遮光）

操作要点

- 培养棉完全吸收水分需要10min左右，吸水的时候要用镊子夹住培养棉重复吸水动作，大约5次以后将培养棉浸没在水中8min（水温室温即可）。
- 在放入种子之前用镊子将培养棉从盆中取出，并轻轻挤压一下，然后用左手抓住培养棉。
- 要选择饱满的优质种子。
- 用镊子夹取醒好的种子时要注意轻一点，否则容易伤到种子的表皮，从而损坏种子质量。

- 用镊子夹住种子，将整个种子浸没在培养棉中，并且距离培养棉开口0.1cm左右。
- 将种植好的培养棉放入固定槽中以后需要对种子进行暗处理。一般用餐巾纸折叠盖住培养棉的开口即可，直到种子发芽后再拿掉。将培养棉放入种植箱的时候相互之间要隔开，从而保证每一植株的生长间距。

步骤三：配制营养液

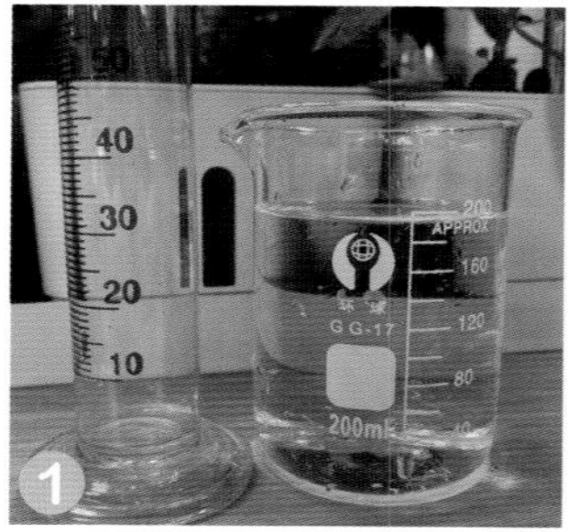

取 5L 水

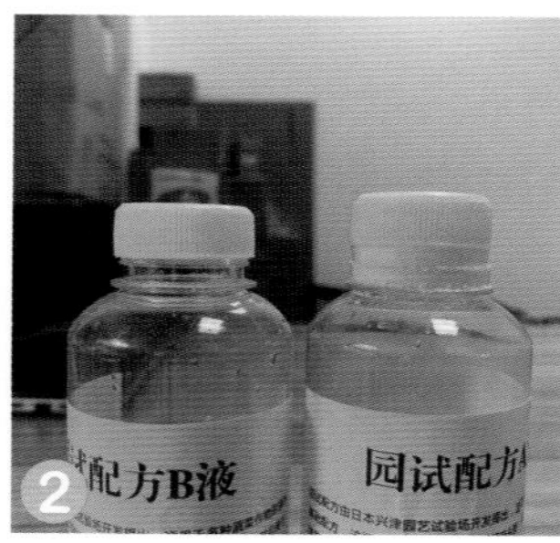

取出已经准备好的 A、B 浓缩液

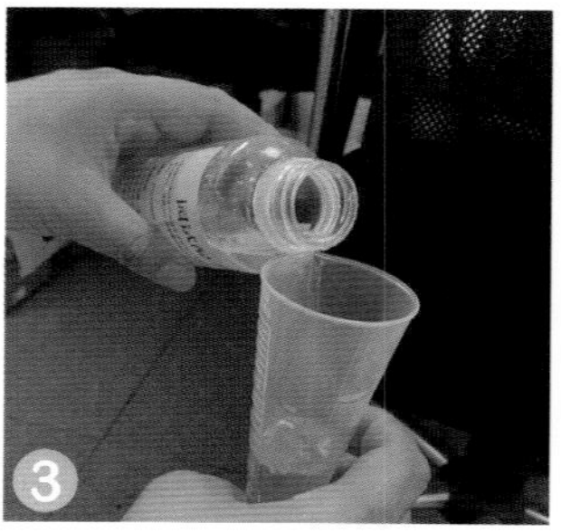
倒入 A 液 125mL

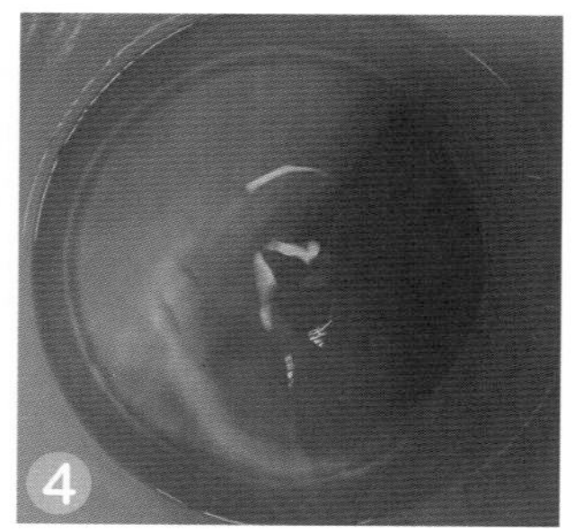
倒入 A 液以后搅拌均匀

倒入 B 液 125mL

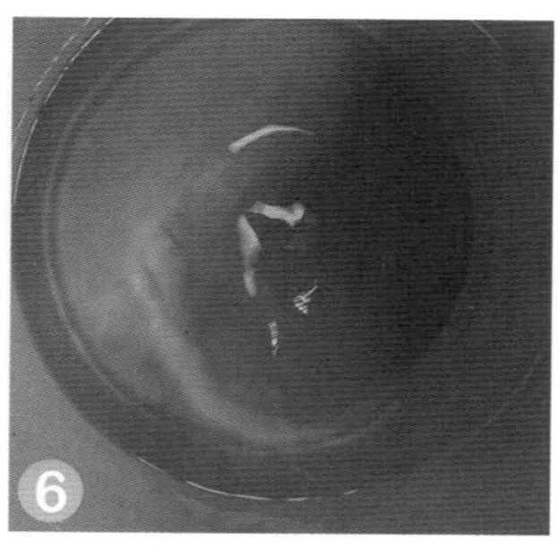
倒入 B 液以后搅拌均匀

操作要点

- 配制营养液时不能A、B液同时倒入，一定要先加入A液搅拌完全以后再倒入B液。
- 搅拌一定要充分，搅拌的时间和温度有关。春秋搅拌1min左右即可，夏天搅拌30s即可，冬天需要搅拌2min左右。

步骤四：营养液pH值与EC值的测定

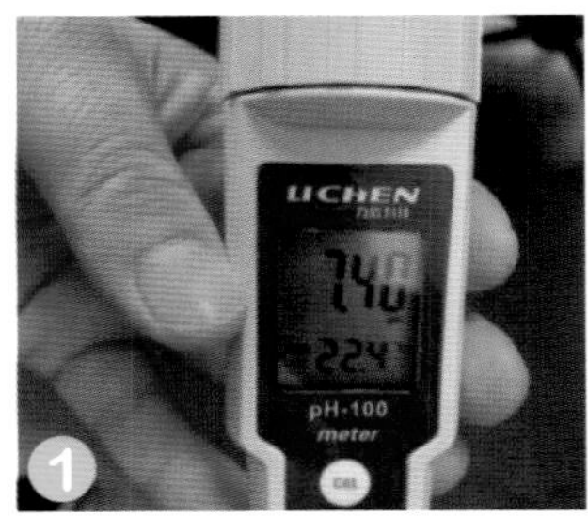

测量自来水的 pH 值

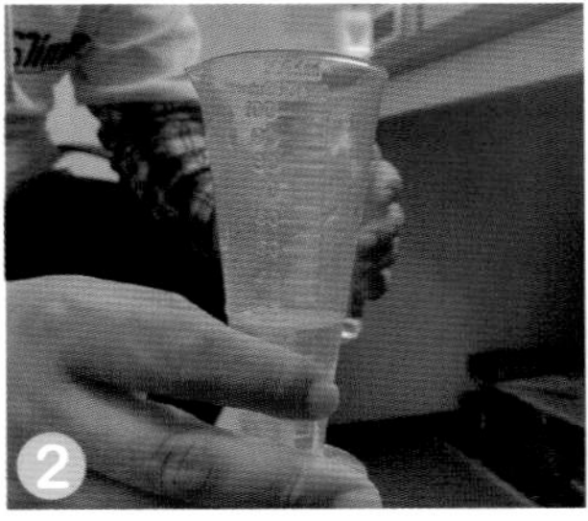
. 取 30mL 营养液

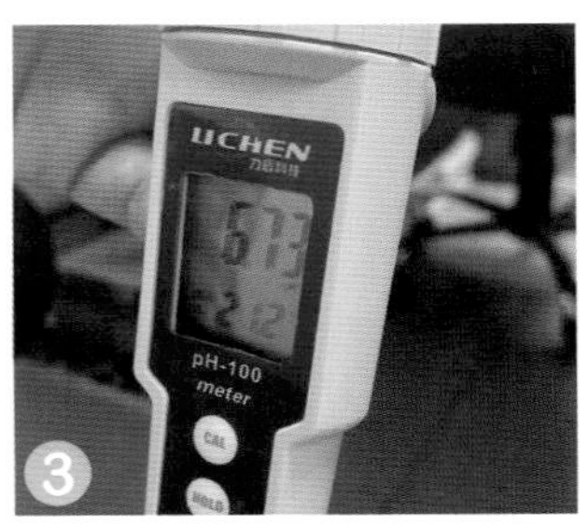

测量营养液的 pH 值

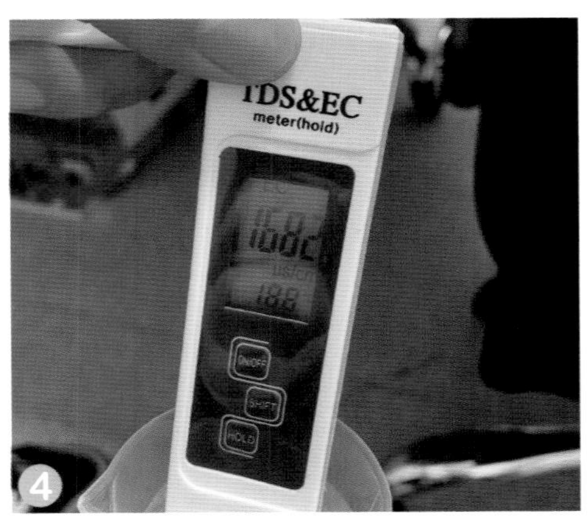

测量营养液的 EC 值

pH 与 EC 值符合的加入种植箱当中

操作要点

- 在测pH值和EC值之前，测试仪器要先在纯净水中过一遍，然后用餐巾纸擦拭干净，再放入测试溶液当中进行测试。
- 樱桃番茄所需要的pH值范围是5.5～7.5，如果测出来的数值偏高就加营养液，数值偏低就加水，直到数值控制到5.5～7.5范围内。
- 樱桃番茄EC值的范围是1 200～2 000，如果测出来的数值偏高就加水，数值偏低就加营养液，直到数值控制到1 200～2 000范围内。
- 在测试的过程当中，一定要将测试仪器的头部全部浸没在溶液当中，pH测试仪应当在数值没有明显下降的时候读取。

3.3 工作任务

为亲爱的老师、同学们制作一份专属的“果宝特攻”吧！

3.4 校园寻宝

（1）种植箱可以用泡沫箱，或者收纳盒代替，一定要带有盖子并且容易在上面开口，固定植株。

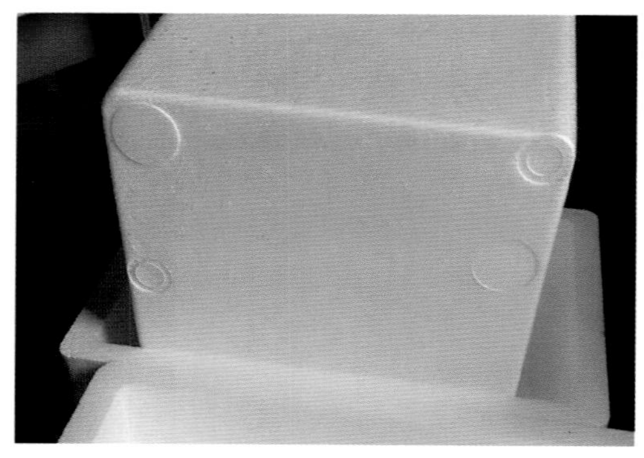

泡沫箱

收纳盒

（2）培养棉可以用海绵代替，但是在种植之前一定要用开水煮 2min，然后放在阳光下晒 2h 才可以使用。使用前，用剪刀在海绵的中心位置剪一个“十”字形，注意要剪穿。

海绵

（3）固定槽可以用笔筒代替。种植箱的盖子需要按照笔筒的大小开口，能够刚好将笔筒固定住即可。选择的笔筒一定要有小孔，这样有利于植株根部的呼吸以及吸收水分。

笔筒

3.5 成品展示

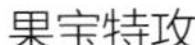

果宝特攻

七兄弟

水中的阿狄丽娜

怡宝莓

3.6 养护方法

樱桃番茄喜温喜湿，温度 20 ～ 35℃、湿度 50% ～ 75% 比较适合它的生长。因为樱桃番茄种植在智能水培箱当中，每天光照的打开时间是 7h。营养液的更换频率为半个月一次。以下是详细的养护方法。

（1）育种的时候要先将种子浸没在水中，温度 45℃左右，浸泡完以后放在水中 6 ～ 10h 进行催芽，然后再放入种植箱当中。切记，在芽没有出来之前，需要用纸将播种的地方挡起来遮光。如果一直没有出现发芽的情况，需要检查 pH 值和 EC 值是不是在合理的范围之内；如果在合理的范围内，需要考虑是不是种子有问题。

（2）每天测量一次 pH 值和 EC 值。番茄的 pH 值在 5.5 ～ 7.5，EC 电导率在 1 400 ～ 1 600 是比较好的，这种水环境可以给樱桃番茄舒适的营养空间。如果 pH 测出来的值没有在这个范围之内，数值偏高时，需要多加一些酸性水溶肥到营养液当中；数值偏低时，就需要向营养液当中添加适量的水，直到数值控制到 5.5 ～ 7.5 范围内。如果 EC 测出来的值没有在这个范围之内，数值偏低时，需要多加一些水溶肥到营养液当中；数值偏高时，就需要向营养液当中添加水，直到数值控制到 1 200 ～ 2 000 范围内。

（3）当樱桃番茄出现黄色的叶子，或者发现它的叶子有点枯萎时，需要在配肥料的时候多加一点氮元素；如果在生长的过程当中发现樱桃番茄开了花，但是花很容易凋零，就需要在增加肥料的时候把磷的含量提上来；如果开了很多花，但就是不结果子，就需要在配比溶液的时候多一点钾元素；如果樱桃番茄在种植的过程当中出现雄花特别多的情况，这时候就需要知道番茄水环境的 pH 值和 EC 值，把 pH 值和 EC 值控制在合理的范围之内，给它充足的养分和光照，这个情况就会得到改善。

（4）当种子长出真叶以后需时刻关注植株的生长情况，当植株平均高度达到 15cm 左右时，就要开始修剪，将底部的叶子进行修剪，留下上面的叶子，

只开花不结果

叶子枯黄

并且要削弱植株的顶端优势，让植株可以更加茂密。同时，需要将支架架上以保证樱桃番茄生长的稳定性，防止倒伏。

（5）当樱桃番茄开花的时候，因为没有蜜蜂和大自然因素的干预，授粉工作需要人工来完成。授粉的方式很简单，轻轻地摇动植株，或用毛笔在每朵花的表面来回刷 3 次就可以了。

（6）樱桃番茄的加水加肥，需要观察刻度线，在刻度 1/3 ～ 2/3 是番茄最喜欢的环境，低于这个水平面就需要给水培箱加水。

杆架固定

名词解释

真叶：真叶指的不是种子刚刚破壳而出长出的叶子，是在破壳而出的叶子长出以后，再次长出的新叶子。

顶端优势：指植物的主茎顶端生

长占优势，同时抑制着它下面邻近的侧芽生长，使侧芽处于休眠状态的现象。原因是茎尖产生的生长素运输到侧芽，抑制了侧芽生长。

3.7　养护记录

智能水培箱樱桃番茄种植数据记录表										
日期	温度(℃)	温度(%)	pH值	EC值	开花数量	株高(cm)	冠幅(cm)	根长(cm)	结果数(个)	记录者

3.8 智学加油站

3.8.1 樱桃番茄

圣女果，学名樱桃番茄，又名珍珠果、袖珍番茄、小西红柿等，是一年生草本植物，属茄科番茄属，植株最高时能长到 2m，无限生长型，采果期长达 10 个月，单果重 15 ～ 20g，形如樱桃，色鲜红，有光泽、新颖美观。樱桃番茄是喜温喜湿的植物，温度 20 ～ 35℃、湿度 50% ～ 75% 比较适合樱桃番茄的生长。

江苏省南京市六合区常种植的樱桃番茄品种有粉樱 1 号和千禧。

粉樱1号

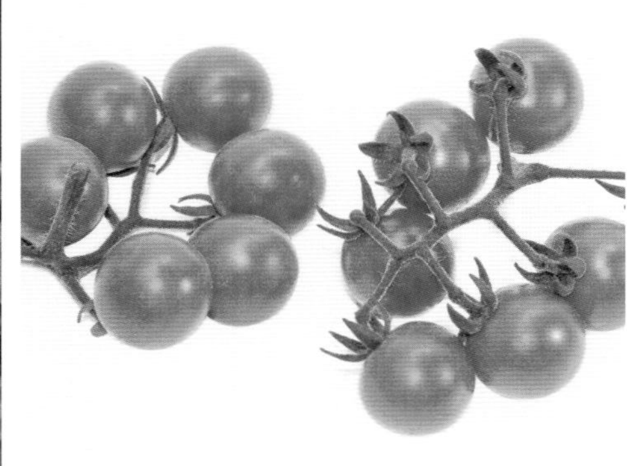
千禧

粉樱 1 号适合水培的原因：坐果能力强，耐涝性也强，在水培环境中可以发挥其优势。

千禧可以进行水培的原因：坐果能力强，耐涝性强，病虫害的风险较低，对环境的适应性较强。

3.8.2 水培

水培（Hydroponics）是一种新型的植物无土栽培方式，又名营养液培，其核心是将植物的根系直接浸润于营养液中，这种营养液能替代土壤，向植物提供水分、养分、氧气等，使植物能够正常生长。

3.8.2.1 用于水培果蔬

培养无污染的绿色食品，健康安全，深受人们的喜爱。

3.8.2.2 用于水培花卉

水培花卉具有清洁卫生、养护方便等优点，特别适合室内摆放，深受消费者喜爱。

3.8.2.3 用于栽培药用植物

许多药用植物都是根用植物，根的生长环境十分关键，水培尤其是雾培可为药用植物根系提供良好的生长环境，因而种植效果十分明显。

3.8.3 pH

氢离子浓度指数（Hydrogenion concentration），一般称为“pH”，是1909年由丹麦生物化学家Soren Peter Lauritz Sorensen提出。p来自德语Potenz，意思是浓度，H（Hydrogenion）代表氢离子。

通常pH是一个介于0～14的数值（浓硫酸pH值约为−2），在25℃的温度下，当pH值<7的时候，溶液呈酸性；当pH值>7的时候，溶液呈碱性；当pH值=7的时候，溶液呈中性。但在非水溶液或非标准温度和压力的条件下，pH值=7可能并不代表溶液呈中性，需要通过计算该溶剂在这种条件下的电离常数来决定pH为中性的值。

生活中的pH

洗厕灵的pH值为1～2

柠檬、醋的pH值为2～3

苹果的pH值为3

橘子的pH值为3～4

酱油的pH值为4～5

西瓜、胡萝卜的 pH 值为 6

牛奶的 pH 值为 6 ～ 7

鸡蛋清的 pH 值为 7 ～ 8

牙膏的 pH 值为 8 ～ 9

肥皂的 pH 值为 10

草木灰水的 pH 值为 11

厨房的清洁剂的 pH 值为 12 ～ 13

3.8.4 EC 值

EC 值是用来表示溶液中可溶性盐浓度的，也可以用来表示液体肥料或种植介质中的可溶性离子浓度。EC 值的单位用 mS/cm 或 mmhos/cm 表示，测量温度通常为 25℃。在一定范围内，溶液的含盐量与电导率呈正相关，含盐量愈高，电导率愈大，渗透压也愈大。

营养液浓度直接影响作物的产量和品质。由于作物种类和种植方式的不同，作物吸收特性也不完全一样，因此，其浓度也应随之调整。一般来讲，作物生长初期对浓度的要求较低，随着作物的不断生长发育对浓度的要求也逐渐变高。同时，气温对浓度的影响也较大，在高温干燥时期要进行低浓度控制，而在低温高湿时期浓度控制则要略高些。

EC 值与营养液成分浓度之间几乎呈直线关系，即营养液成分浓度越高，EC 值就随之增高。因此，用测定营养液的电导率 EC 值来表示其总盐分浓度的高低是相当可靠的。虽然说 EC 只反映总盐分的浓度而并不能反映混合盐分中各种盐类的单独浓度，但这已经满足营养液栽培中控制营养液的需要了。

不过，在实际运行中，还是要充分考虑到当作物生长时间或营养液使用时间较长时，根系分泌物、溶液中分解物以及硬水条件下钙、镁、硫等元素的累积，也可以提高营养液的电导率，此时的 EC 值已不能准确反映营养液中的有效盐分含量了。为了解决这个问题，高精度控制通常是在每隔半个月或一个月左右对营养液进行一次精确测定，主要测定大量元素的含量，根据测定结果决定是否调整营养液成分直至全部更换。

3.9　校园之外

家庭农场种植“水培草莓”前景看好

正值吃草莓的时节。一批游客来到一家家庭农场里，体验草莓采摘的乐趣。与传统种植方式不同的是，该农场的草莓是“长”在水管里的，这为大家带来了不少新鲜感。

这些草莓以小盆栽的形式，放在一根根白色水管里，一根根水管呈“A”字形立体排开。拿出任何一个小盆栽都可以看到，草莓的根系已露出盆底，湿漉漉的。农场主人李海波时不时拿出一个像温度计似的工具伸入水里，再拿出来查看上面的数字，就知道这些草莓的营养成分到底够不够。

“我们种的是‘水培草莓’，这是测试器。”李海波说，因为草莓是一个“大胃王”，需要持续供给营养，将肥料撒在水池里，可以测试里面的营养度，浓度高了就加水，浓度低了则增加肥料或更换水，按需为“水培草莓”提供均衡营养，十分方便。

李海波说，种植“水培草莓”是考虑到这样既可以做盆栽农业，也能增加农场冬季“空档期”的收入；并且“水培草莓”受环境影响较小，立体栽培模式又通风，能大大提高农作物的抗病菌能力。

与传统种植的草莓相比，“水培草莓”最大的特色就是产量高。“同一个品种，传统种植一棵草莓只有 2 ～ 3 个花穗，‘水培草莓’可以达到 7 ～ 8 个，一个花穗可以结 5 ～ 7 颗果实。”他说，目前“水培草莓”主要销往县内，售价与市场价基本持平。

若效果可观的话，李海波接下来准备将农场打造成为一个全年的盆栽园，每年 12 月至翌年 4 月农场是“草莓园”，5—11 月将是“瓜果园”，探索走出一条农旅融合发展之路。（摘编自安吉新闻网）

3.10 考考你

如何制作一个“果宝特攻”？

如何配制水培营养液？

如何进行 pH 与 EC 的测定？适合樱桃番茄生长的 pH 与 EC 的区间分别是多少？

如何进行“果宝特攻”的养护工作？

利用学习到的知识，思考一下还有哪些植物适合水培呢？

Chapter 4

菜菜微耕

菜菜微耕是微型的智能植物工厂，小小的种子在智能环控下，生长、成熟。智能化的水培箱具有控光、控水、控温的功能，具有很强的科技感，同学们可以在其中种植豆芽菜、生菜等水培蔬菜，体会智能植物工厂的神奇之处和水培蔬菜的魅力，更加热爱智能农业。

菜菜微耕

4.1 创意工坊

设计的目的是让同学们感受一下水培蔬菜的魅力。用到的小教具是智能化的水培箱，它具有控光、控水、控温的作用，具有很强的科技感，让同学们在种植当中学习，并且更加热爱智能农业。

4.2 菜菜微耕制作

材料及工具准备

蔬菜种植箱

种植的载体

生菜种子

罗马生菜

水芹种子

选用当地种子

纱布

育苗使用

培养棉

用来育苗和固定植株根部

固定槽

固定在种植箱的位置

遮光纸

发芽用

水溶肥

水培生长营养液

pH测试仪

测试酸碱度

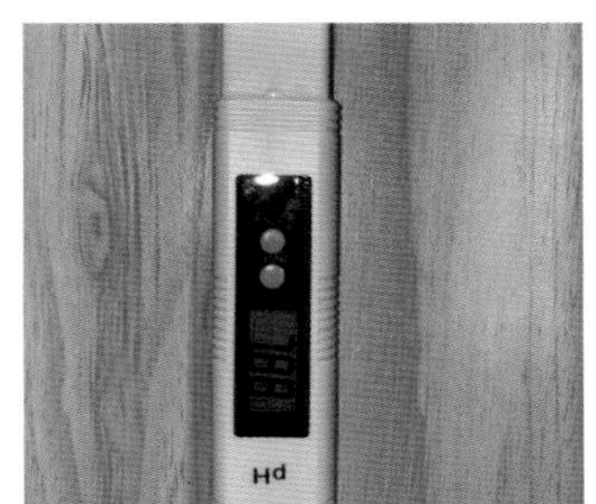

EC测试仪

测试溶液的电解度

镊子

育苗时夹种子

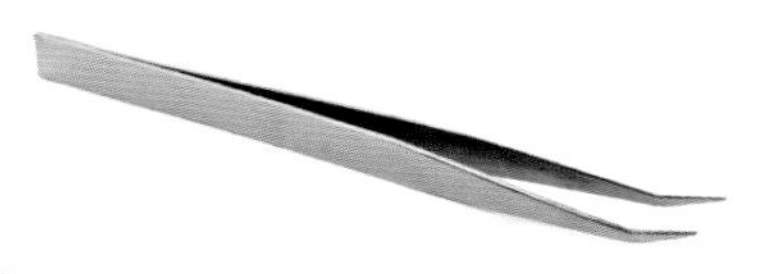

剪刀

修剪植株

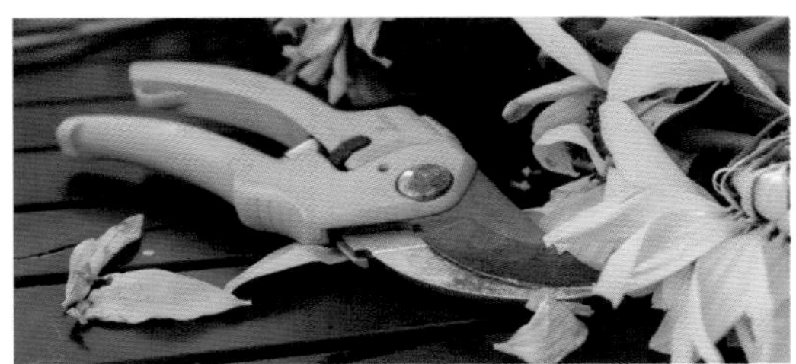

步骤一：配制营养液

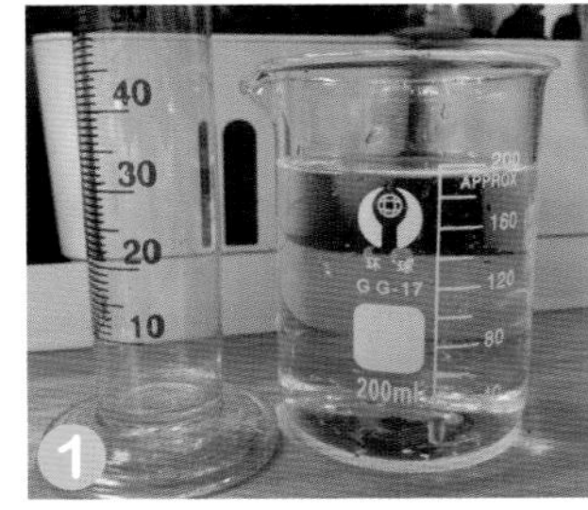

取 5L 水

取出已经准备好的 A、B 浓缩液

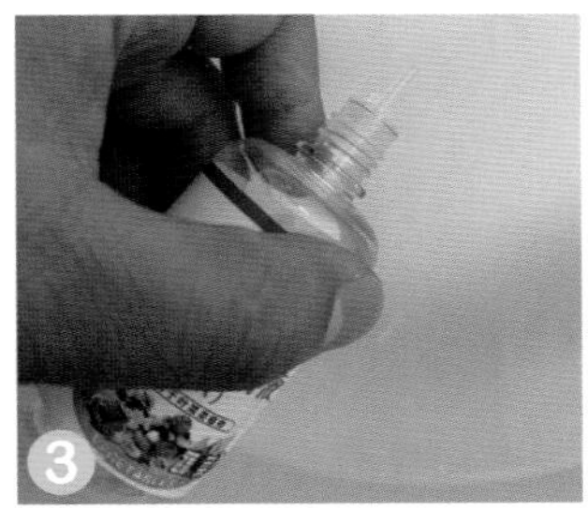

倒入 A 液 30mL

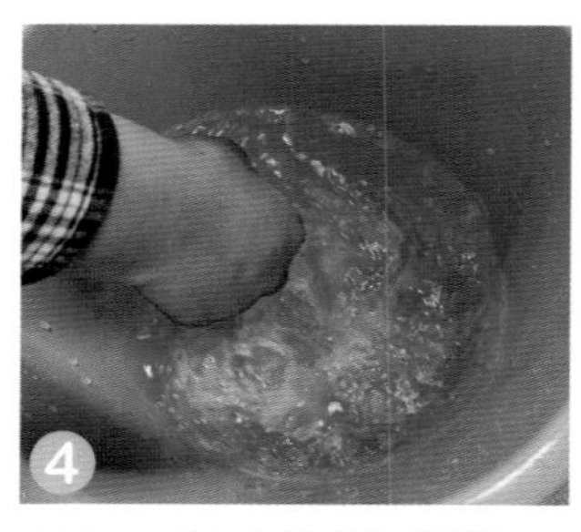

倒入 A 液以后进行搅拌

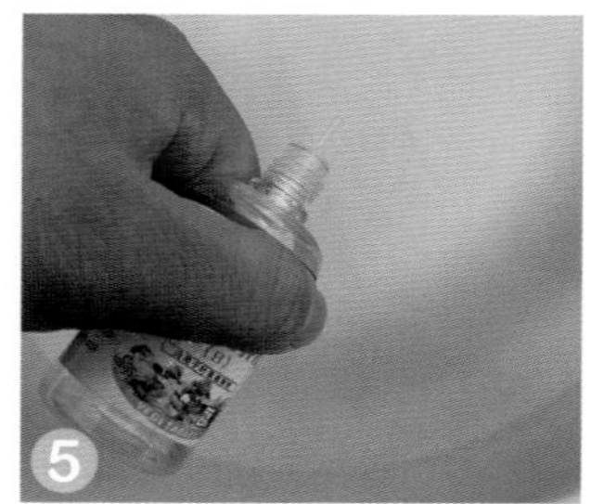

倒入 B 液 30mL

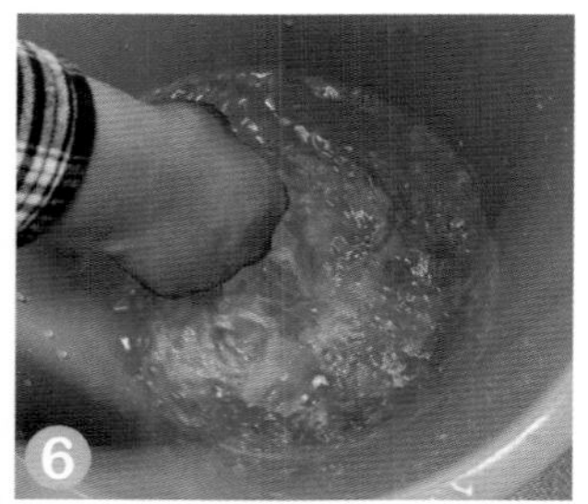

倒入 B 液以后进行搅拌

操作要点

- 配制营养液时不能将A、B液同时倒入，一定要先加入A液搅拌完全以后再倒入B液。
- 搅拌一定要充分，搅拌的时间和温度有关。春秋搅拌1min左右即可，夏天搅拌30s即可，冬天需要搅拌2min左右。

步骤二：测定营养液pH及EC值

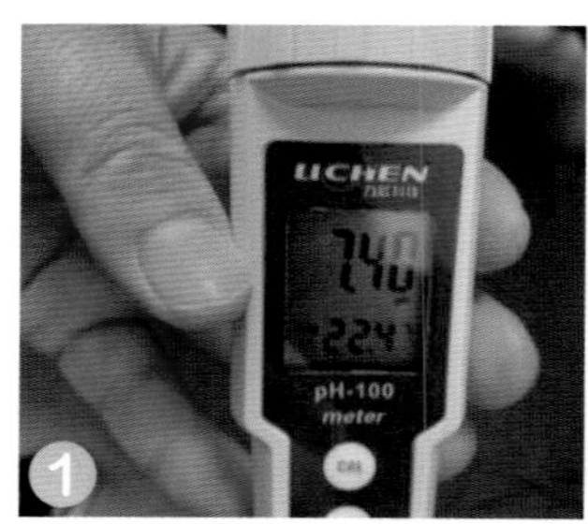

测量自来水的 pH 值

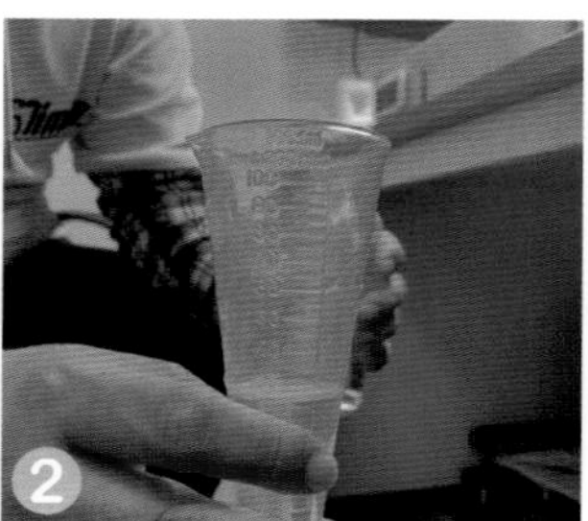

取 30mL 营养液

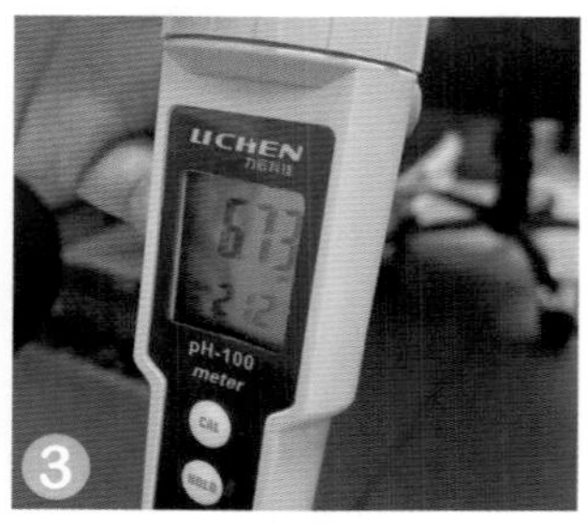

测量营养液的 pH 值

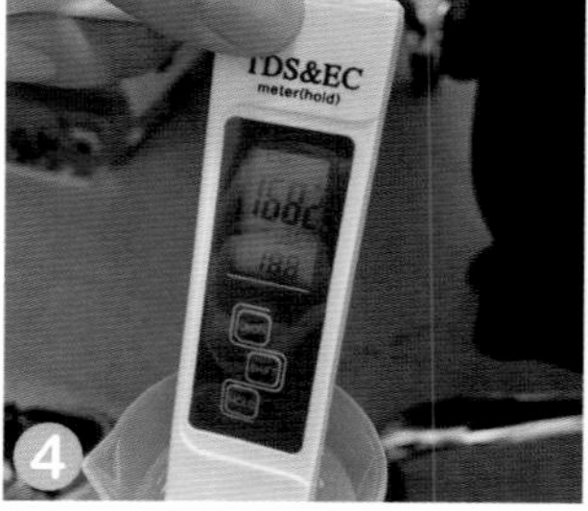

测量营养液的 EC 值

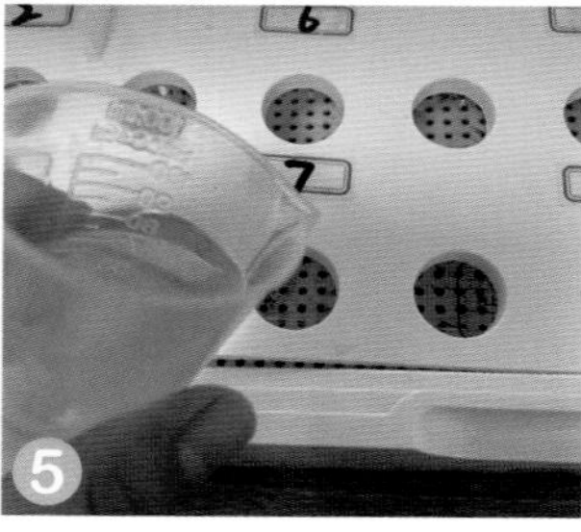

pH 值与 EC 值符合的加入种植箱当中

操作要点

- 在测量pH值和EC值之前，测试仪器要先在纯净水中过一遍，然后用餐巾纸擦拭干净，再放入测试溶液当中进行测试。
- 叶菜类所需要的pH值范围是6～7.5，如果测出来的数值偏高，需要多加一些酸性水溶肥到营养液当中；数值偏低时，需要向营养液当中添加适量的水，直到数值控制到6～7.5范围内。芽菜类在自然的水环境中就可以生长。
- 叶菜类EC值的范围是1 800～2 400，如果测出来的数值偏低，需要多加一些水溶肥到营养液当中；数值偏高，就需要向营养液当中添加水，直到数值控制到1 800～2 400范围内。芽菜类在自然的水环境中就可以生长。
- 在测试的过程当中，一定要将测试仪器的头部全部浸没在溶液当中。pH测试仪应当在数值没有明显下降的时候读取。

步骤三：播种

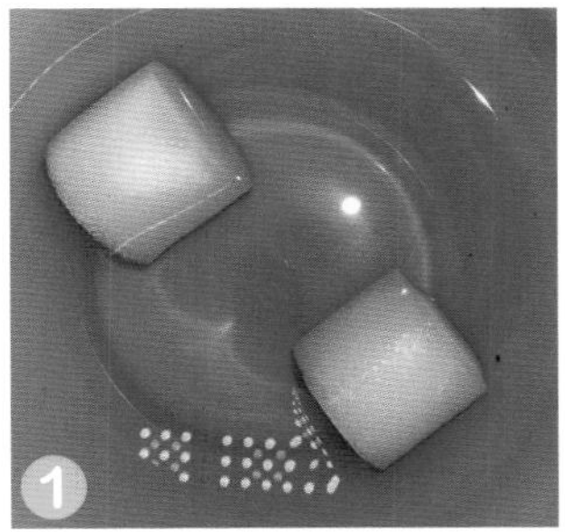
将培养棉浸没在水中吸水

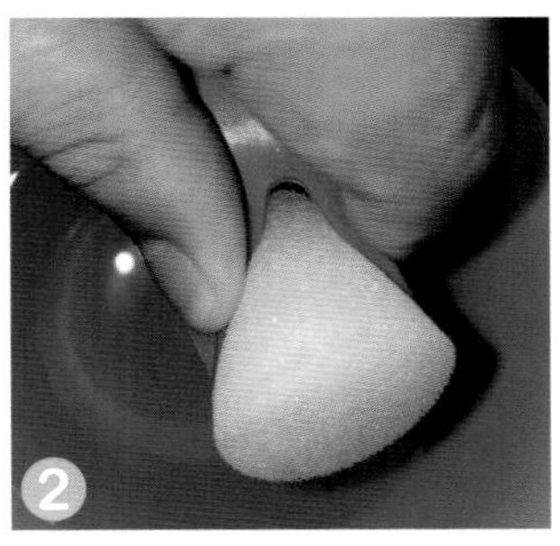
夹取一个已经吸好水的培养棉

用镊子夹起生菜的种子

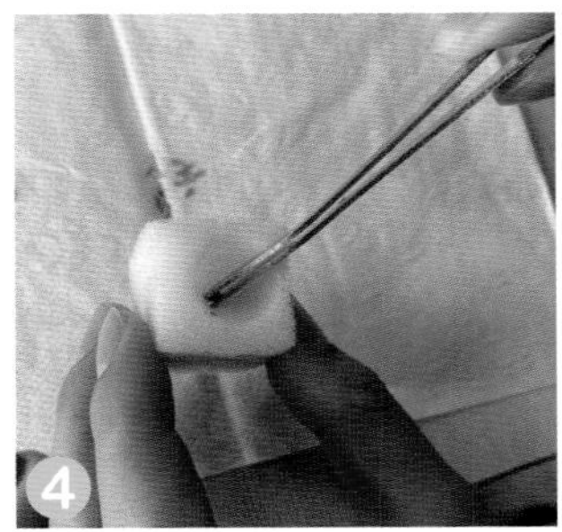
左手拿住培养棉，右手用镊子把抓取的种子种在培养棉中

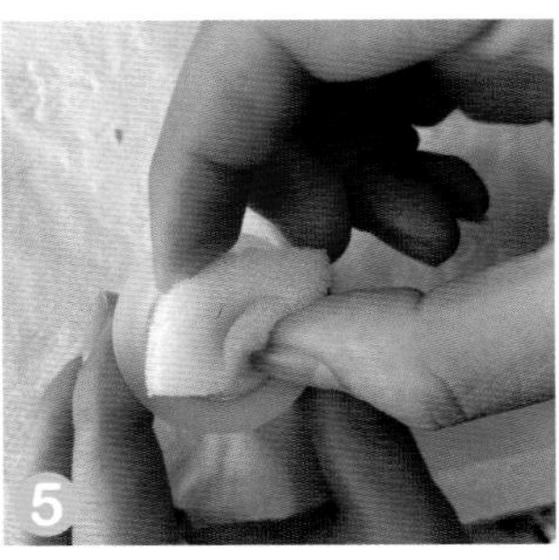
将培养棉放入种植箱的固定槽当中

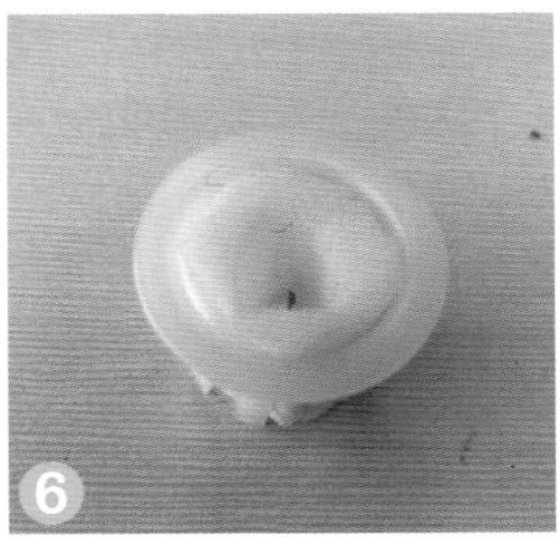
成品

操作要点

- 种子一定要选择颗粒饱满的，不能有小黑点、不能干瘪，以提高种子的发芽率和存活率。
- 培养棉完全吸收水分需要10min左右，吸水的时候要用镊子夹住培养棉重复吸水动作，大约5次以后将培养棉浸没在水中8min（水温室温即可）。
- 在放入种子之前用镊子将培养棉从盆中取出，并轻轻挤压一下，然后用左手抓住培养棉。
- 用镊子夹取醒好的种子时一定要注意轻一点，否则容易伤到种子的表皮，进而损坏种子质量。
- 用镊子夹住种子，将整个种子浸没在培养棉当中，并且距离培养棉开口0.1cm左右。
- 将种植好的培养棉放入固定槽中以后需要对种子进行暗处理。一般用餐巾纸折叠盖住培养棉的开口即可，直到种子发芽后再拿掉。将培养棉放入种植箱的时候相互之间要隔开，从而保证每一植株的生长间距。

步骤四：遮光处理

将遮光纸覆盖在表面

操作要点

- 遮光的时候一定要将设备放置在阴凉、干燥的环境当中，覆盖时只需遮盖种植区域，其他区域需要留下来以便于水环境的氧气平衡。
- 遮光纸直至种子发芽才可拿开。

4.3 工作任务

为亲爱的老师、同学们制作一份专属的“菜菜微耕”吧！

4.4 成品展示

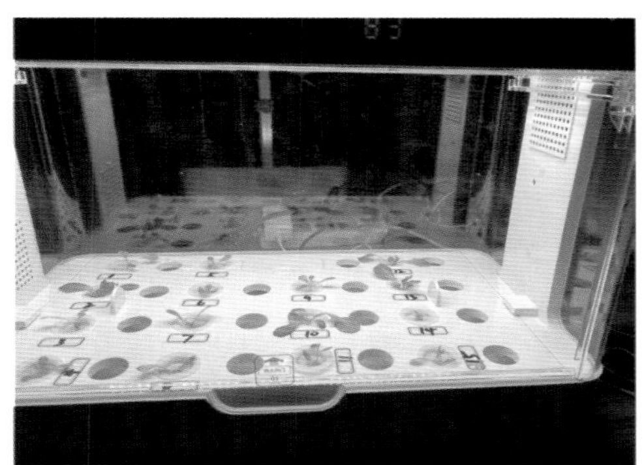

青春萌动

芽芽乐

泡泡菜

繁花似锦

4.5 养护方法

生菜喜冷凉，在冬春季节 15 ～ 25℃范围内生长良好，低于 15℃生长缓慢，高于 30℃生长不良，极易抽薹开花。湿度在 45% ～ 70% 都可以生长良好。

4.5.1 湿度

水培生菜对于湿度没有太大的要求，在日常的湿度环境当中就可以很好地生长，但是因为种植箱的环境是封闭的，所以，有时候湿度会超过 70%。因此，给植株进行通风，改善其湿度环境是必要的。一天要通风两次，早上和晚上各一次，因为这两个时间段的湿度比较大。通风时间一般控制在半个小时。

4.5.2 光照

水培种植箱上面有调节光照时长的设置，水培生菜每天需要的光照时长基本在 8 ～ 10h，所以设置时长定在 9h 左右，设定时间 9：00—18：00。注意：光照时间不能太长，否则生菜会徒长，光照最好设置在白天。

4.5.3 水量控制

在种植箱的左底部有一个浮标，浮标上面有刻度线，水位应该控制在两个刻度线之间。为了避免水环境中的自毒物质对植株的生长造成影响，10d 左右就要对水进行彻底更换。

4.5.4 水肥管理

为保持营养液液面稳定，可 2 ～ 3d 加一次营养液，水温 20 ～ 22℃、pH 值 6 ～ 6.5。当苗子 3 ～ 4 片真叶时，调整 EC 值到 1 800 ～ 2 000，视情况续加营养液，20 ～ 25d 就可采收。

4.5.5 病虫害管理

水培生菜的病虫害很少。在营养液水培中，保持营养液洁净很重要，因为生菜一旦发生根部病害，就会很快蔓延，造成无法挽回的损失。除做好营养液的消毒外，夏季有时会发生蚜虫、红蜘蛛等虫害，可用高效低毒生物农药阿维菌制剂进行防治。

正常植株

烂根

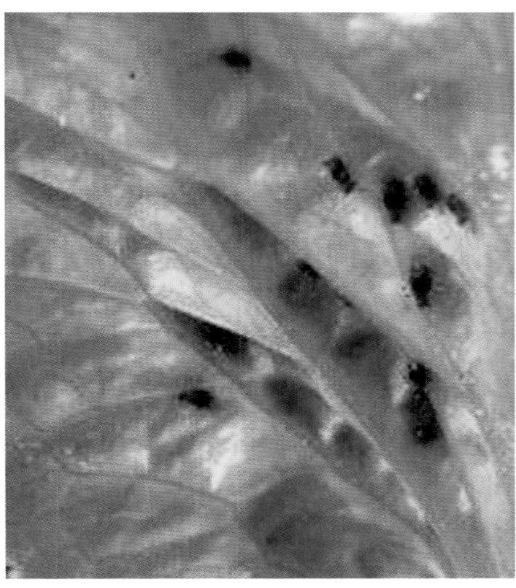
生菜蚜虫

生菜红蜘蛛

4.6　养护记录

菜菜微耕养护记录表							
日期	温度(℃)	湿度(%)	营养液温度(℃)	pH值	EC值	光照时长（h）	记录者

4.7 智学加油站

4.7.1 生菜

生菜喜冷凉环境，既不耐寒，也不耐热，生长适宜温度为 15 ～ 20℃，生育期 90 ～ 100d。种子较耐低温，在 4℃时即可发芽。发芽适温 18 ～ 22℃，高于 30℃时几乎不发芽。生菜依叶的生长形态可分为结球生菜、皱叶生菜和直立生菜。

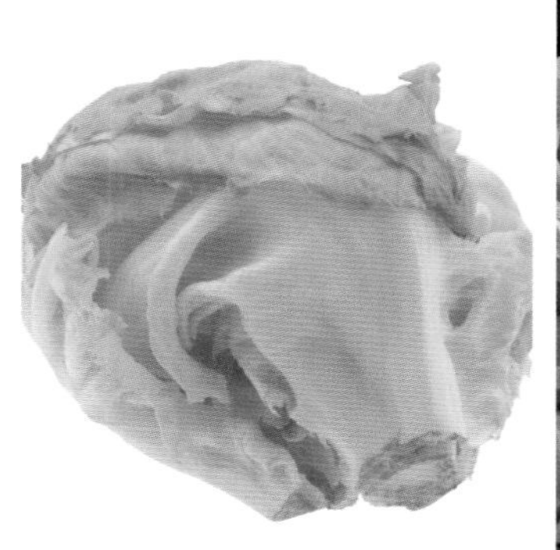

结球生菜

皱叶生菜

直立生菜

江苏省南京市六合区常见的生菜以皱叶生菜为主，种植最多的是意大利奶油生菜。

意大利奶油生菜

4.7.2 水培蔬菜的优缺点

4.7.2.1 水培蔬菜的优点

（1）安全卫生。叶菜类多食用植物的茎叶，如生菜、菊苣这样的叶菜还以生食为主，这就要求产品鲜嫩、洁净、无污染。土培蔬菜容易受寄生虫和细菌污染，沾有泥土，清洗起来不方便，而水培叶菜更洁净、鲜嫩，可直接食用。

（2）可在植物工厂内量化生产。叶菜类蔬菜不易贮藏，为了满足市场需求，需要周年生产。土培叶菜倒茬作业烦琐，需要整地作畦、定植施肥、浇水等作业，而无土栽培换茬很简单，只需将幼苗植入定植孔中即可，可在同一场地进行周年栽培。如生菜，一年中每天都可以播种、定植、采收，不间断地连续生产。所以水培方式便于茬口安排，适合于计划性、合同性生产。

（3）不分淡旺季，受自然环境因素影响小。水培蔬菜生长周期短，周转快，受季节、气候等自然环境影响小。

（4）节省肥料。由于叶菜类生长周期短，如果中途无大的生理病害发生，一般从定植到采收只需定植时配一次营养液，无需中途更换。果菜类由于生长期长，即使无大的生理病害，为保证营养液养分的均衡，也需要半量或全量更新营养液。

（5）经济效益高。水培叶菜可以避免连作障碍，复种指数高。设施运转率一年高达 20 茬以上，经济效益高。

4.7.2.2 水培蔬菜的缺点

（1）与土培种植比较，水培的复杂程度更高。水培种植需要考虑的方面更多，如选种、营养液、废液等。

（2）水培的成本比土培高。水培成本相比较与土培来说是成几何指数的增加。

（3）适合水培的蔬菜和果菜种类太少，品种不够丰富。

4.7.3 水培营养液

营养液是营养液栽培模式下植物生长的物质基础。营养液的组成、浓度直接影响植物的生长发育速度，营养液的配比是重中之重。选择适宜的营养液配方、合理的养分浓度水平与配比，给予最优的酸碱度，是水培植物的关键，也是保证植物生长的重要措施。

水培营养液均衡地含有植物生长所需的 N、P、K、Ca、Mg、S、Fe、

Mn、Cu、Zn、B、Mo 等离子螯合态营养元素，具有缓释效应和缓冲性能，能有效提供水培植物生长所需养分，并可改善和防治水培植物缺素症状。营养液的 pH 值维持在 5.5 ～ 6.5 是植物最喜欢的生长环境。

4.7.3.1 pH 值与 EC 值

pH 值大于 7 时，呈碱性，pH 值越大，碱性越强；当 pH 值等于 7 时，呈中性；当 pH 值小于 7 时，呈酸性，pH 值越小，酸性越强。

EC 值是指溶液中可溶性盐浓度或者液体肥料或种植介质中的可溶性离子浓度。测量温度通常为 25℃。正常的 EC 值范围在 1 000 ～ 4 000。基质中可溶性盐含量（EC 值）过高，可能会形成反渗透压，将根系中的水分置换出来，使根尖变褐或者干枯。EC 值过低则说明营养液当中的养分不足。

4.7.3.2 营养液配比原则

（1）任何全营养液配方中都含 Ca、Mg、Mn 和 Fe 等阳离子，以及硫酸根和磷酸根等阴离子，都可能在配比的时候产生沉淀，因此，在配比时注意搅拌充分，尽量避免沉淀的发生。

（2）水质的好坏是影响营养液质量的重要因素，应在尽量降低成本的条件下提高水质。水质的衡量主要是通过其硬度、pH 值和氯化钠含量等指标来反映的。一般水的硬度不超过 10°，pH 值应该在 5.5 ～ 7.5，氯化钠的浓度小于 2mmol/L。

（3）营养液分为 A 液、B 液和 C 液，A 液以钙盐为中心；B 液以磷酸盐为中心；C 液以一些微量元素为中心。

营养液的配比都是先配置母液，然后加水进行稀释才可以使用。

营养液配制

4.8 校园之外

冰箱里能种菜！LG 推出家庭“室内菜圃”，可在屋内种植时蔬

赶在美国拉斯维加斯 CES（消费性电子展）开展前夕，韩国家电品牌 LG 宣布即将发表旗下室内园艺设备的消息，这是该品牌首度涉足室内园艺运动的新系列，针对欧美日渐蓬勃的“自家农场”市场布局，强调直立式室内园艺设备，采用先进光照、温度以及供水控制系统，只是外表可能不太“园艺”，事实上它就像是台电子冰箱。

日渐极端的气候与越来越重视饮食产地的风潮兴起，许多居家与家电业者，也纷纷将市场看向“自耕种”的趋势进行布局，LG 推出的这款室内园艺设备系统，号称能容纳 24 个多合一种子组合套装，足够让一个四口之家享受够分量的自耕食材。

能种菜的冰箱

透过灵活的模块，能精确依照每日气温变化，调节隔离箱内的温度，借此复制最佳室外条件，而 LED 灯、强制空气循环系统与虹吸式水量管理机制，能使种子更快速成长，且能够根据不同植物所需，平均且精确地分配水量。这项核心技术能够防止藻类生长并抑制难闻

冰箱中的生菜

气味，打造干净卫生的环境，让天然草本以及叶菜类植物能够安全生长。（摘编自搜狐网）

4.9 考考你

请描述一下菜菜微耕的操作步骤。

如何配制营养液？

如何进行遮光处理？

如何进行菜菜微耕的养护？

Chapter 5

菜菜植物工厂

菜菜植物工厂由漂浮栽培系统、育苗栽培系统、果菜栽培系统和物联网环境监测及远程教学系统组成。通过这部分学习，能掌握叶菜的水培种植技术和果菜的混合基质培养技术。在温室栽培的环境中，可以缩短植物的生长周期。水培种植系统可以从源头控制植物病虫害的发生，符合绿色种植理念。

菜菜植物工厂

5.1　创意工坊

楼梯口空地

5.1.1　环境概况

楼梯间及空地，约 25m^2，采光一般，空间与外界基本连通，冬季温度最低可达 0℃，夏季最高温度可达 33℃以上，现有展台可移动。

5.1.2　创意设想

- 用玻璃将空间密封起来，打造一个可人为控制的小环境，让植物周年生长。
- 此空间包括多种设施栽培模式：单层漂浮培、多层漂浮培、果菜基质栽培，可作为植物基础教学的场所。

- 包含设施蔬菜、果菜生产全部环节，可为学生提供栽培技术实训场景。
- 可作为教学科普区，取名“菜菜植物工厂”，开展植物工厂相关知识科普活动。

5.1.3 创意方案

利用设备对叶菜和果菜类蔬菜进行工厂化的生产模拟。利用智能水循环系统调节水环境，使水环境适合植株的生长；再配上智能植物灯，调节植物的光合作用，让植物可以更好、更快地生长；通过物联网控制系统可以集监控、管理、防治为一体，大大方便使用者的种植管理。

物联网环境监测及远程教学系统能够自动收集温室内的温度、湿度、二氧化碳、光照、液位、EC 值、pH 值等环境数据和植物根系数据，结合图像信息，对植物生长环境进行分析预警，让菜菜植物工厂始终维持一个理想的生长环境。

通过手机 App 可以设定光照和供回液循环时间，对植物生长过程加以控制。同时，通过智能眼镜和摄像头可实现远程教学。

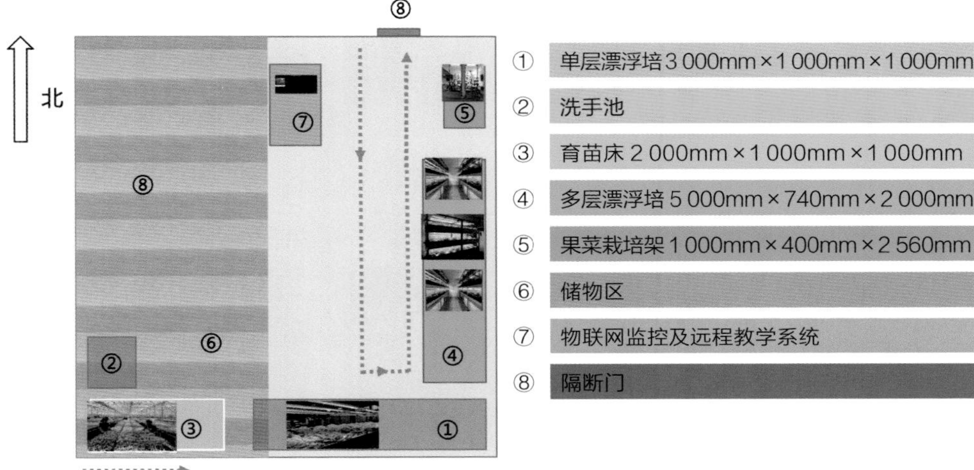

菜菜植物工厂功能分区以及布局

菜菜植物工厂是如何搭建的呢？

5.2 菜菜植物工厂搭建

5.2.1 漂浮栽培系统

漂浮栽培系统材料准备

植物架

放置种植槽

植物灯

给植物生长进行补光

种植槽

种植植物的载体

防水膜

保证营养液可以稳定供给

定植板

给植物提供生长的空间

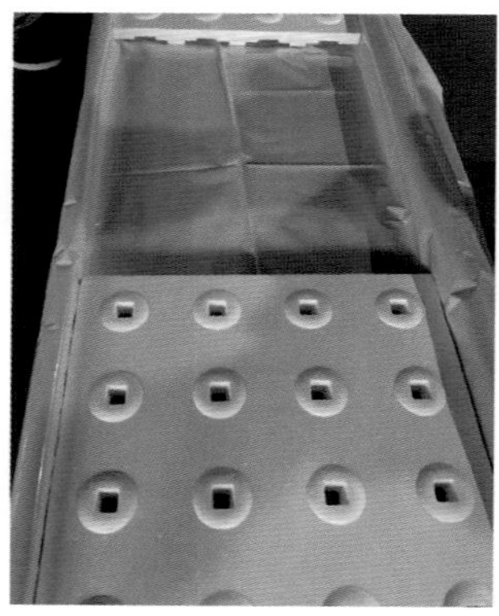

种子

生产的主体

定植棉

固定植物根系

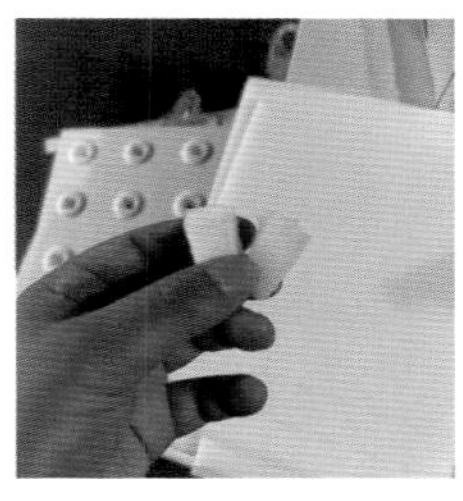

营养液

给植物生长提供养分

水管

水循环的载体

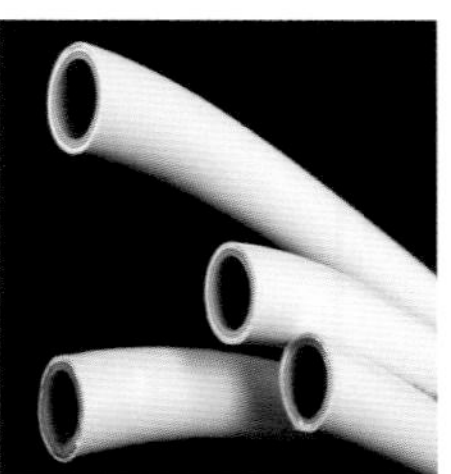

水箱

存储营养液

步骤一：漂浮栽培系统安装

安装架子

安装上种植灯

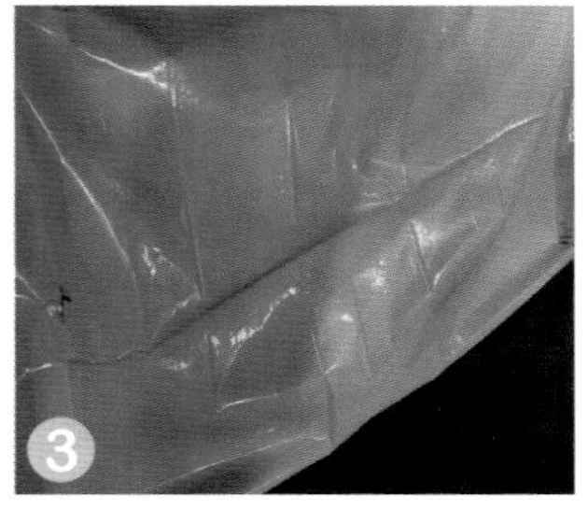

拼接种植槽并覆盖上防水膜

将覆盖好防水膜的种植槽放上架子

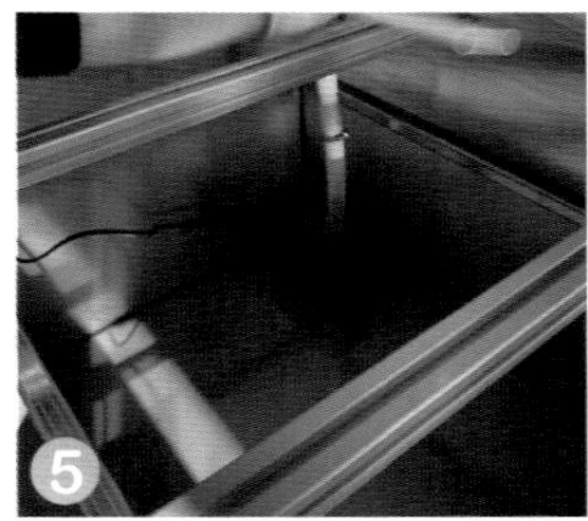

安装水循环系统

注意要点

- 安装架子的时候一定要先安装外部结构，再安装内部架构，否则很容易搞混，不知道接下来该装哪一根。
- 安装植物灯的时候，每一层上面的灯管都应采用串联的方式，而每一层和每一层之间用并联的方式进行连接，这样可以减少整个电路的功率。功率过大可能导致线路短路，从而造成植物灯的损坏。

单层串联

层间并联

- 覆盖防水膜的时候要注意把地上的杂物打扫干净，否则异物会损坏防水膜，导致整个防水膜都要更换，增加很多成本。最好是将防水膜放置在离地面0.5m的操作台上进行覆膜操作。

悬空安装防水膜

- 将种植槽放上架子的时候，一定要注意从侧面缓缓地将其放入，避免弄断。
- 水箱中加水，水的刻度一定要超过水泵的高度，否则水泵工作时会从下方吸入空气，导致水泵的使用寿命大大缩短。

步骤二：漂浮栽培系统营养液配制

单层漂浮培

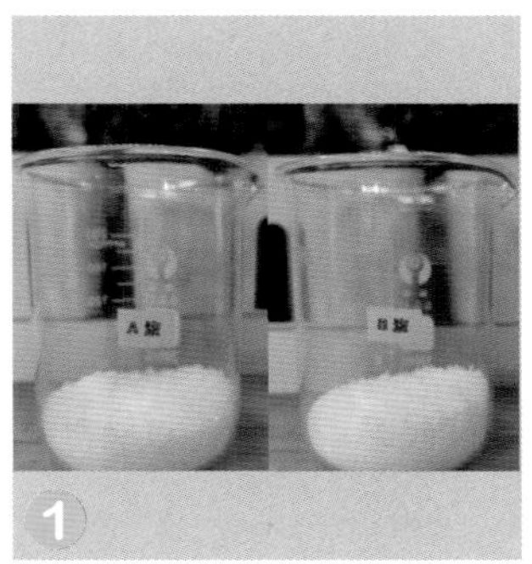

取出 150g 的 A、B 液固体颗粒

取出 C 液

将 150g 的 A 液和 C 液倒入水中充分搅拌

将 A、C 混合液直接倒入种植槽中进行循环

将 150g 的 B 液倒入水中充分搅拌

将 B 液直接倒入种植槽当中进行循环

多层漂浮培

取出 300g 的 A、B 液固体颗粒

取出 C 液

将 300g 的 A 液和 C 液倒入水中充分搅拌

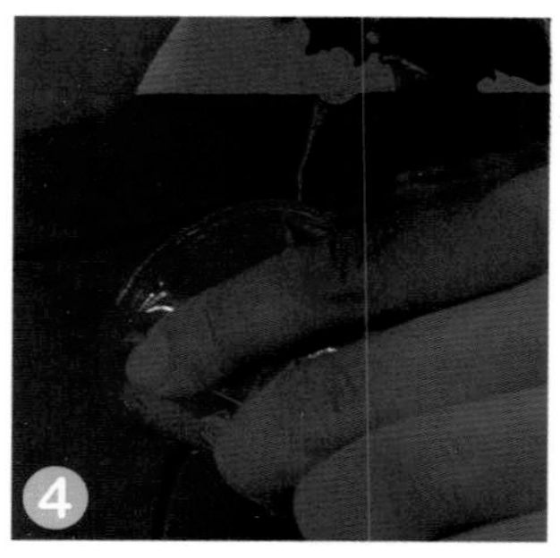

将A、C混合液直接倒入种植槽中进行循环

将300g的B液倒入水中充分搅拌

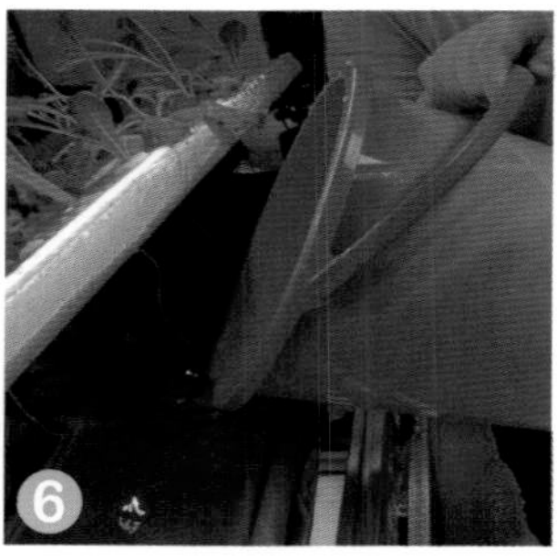

将B液直接倒入种植槽中进行循环

营养液配比原则

- 营养液A液中的元素以硝酸根为主，营养液B液中的元素以钙离子为主，因此A液与B液一定不能混合，否则会产生沉淀。而营养液C液中主要为微量元素，如铁、镁等。所以在配制营养液时，一般将A液与C液同时配制，B液单独配制。

配制顺序

- 将A肥放置在一个容器内进行溶解，待固体溶解完全后，再将A液倒入已经加好水的液池中，将灌溉系统循环10min，然后再配制B肥。
- 将B肥放置在一个容器内进行溶解，待固体溶解完全后，再将B液倒入液池中，将灌溉系统循环10min，至此营养液配制完成。

营养液配制

5.2.2 果菜栽培系统

果菜栽培系统材料准备

木质种植槽

种植载体

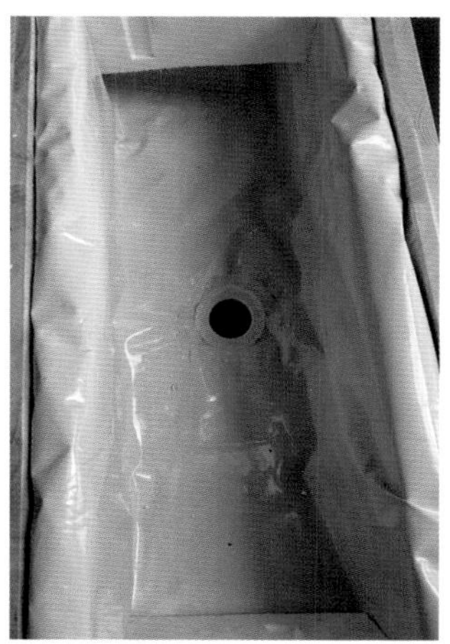

种植架

让果菜可以向上爬

果菜类种苗

黄瓜苗

植物灯

给植物进行补光

营养土

培养基质

陶粒

根部透气、排水

果菜栽培系统安装

在顶部安装上植物灯

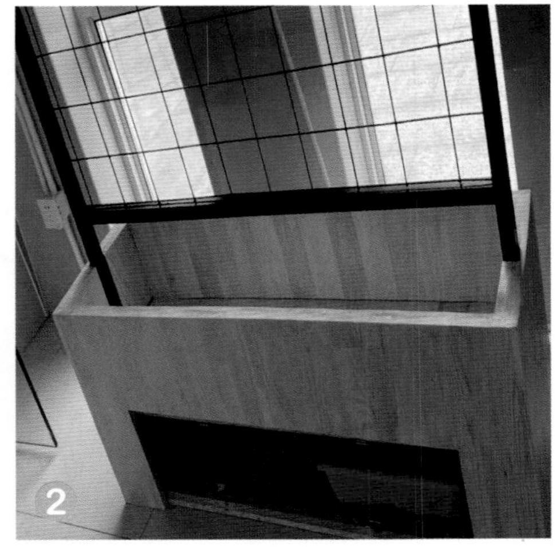

将架子安装在种植槽上面

底部放入陶粒

种植果菜

果菜栽培系统安装要点

- 安装架子时，一定要用力向下按，否则架子不牢固，如果这一环节出现问题，接下来的种植过程中就可能出危险。
- 种植果菜时首先在种植槽的底部加上15～20cm营养土，注意一定要尽量多些土，因为果菜类的根系比较发达，需要足够的空间让其生长。

- 果菜种植好以后，要在上面再覆一层营养土，使果菜的根部得到固定，这样在生长的过程中就不会出现倒伏的问题。
- 在底部放上陶粒主要是给果菜植株的根部一个更好的呼吸环境，水土分离，保持根部环境不受涝害的影响。

5.2.3 育苗栽培系统

育苗栽培系统材料准备

植物架

放置种植槽

植物灯

给植物生长进行补光

种植槽

种植植物的载体

防水膜

保证营养液可以稳定供给

穴盘

育苗专用

种子

生产的主体

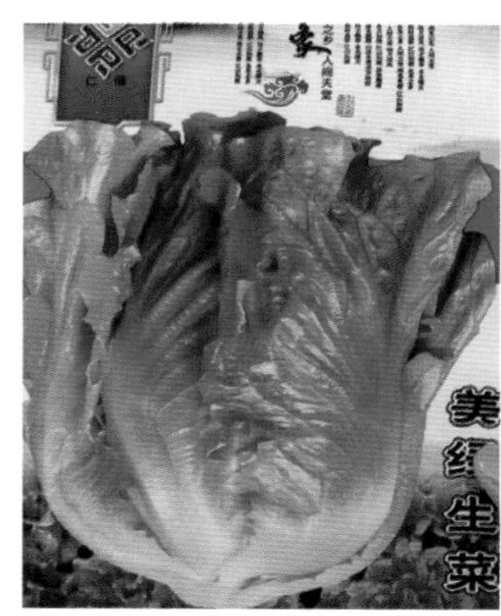

育苗栽培系统育苗

在穴盘上面加入营养土

播种叶菜类种子

覆盖上一层营养土

浇水

育苗要点

- 种子分为两种：一种是经过丸化的种子，需要一颗一颗播种下去，穴口间距大概是1cm×1cm。经过丸化的种子可以很大程度上提高发芽率，99%以上的种子都是可以发芽的。还有一种是普通的种子，利用撒播的方式进行种植。

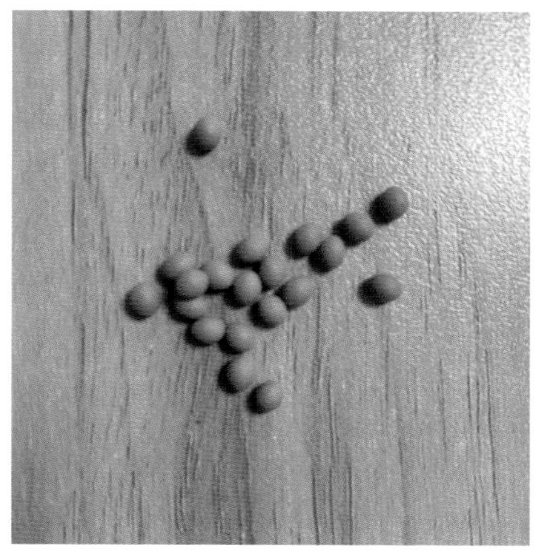
丸化种子

普通种子

- 在穴盘上铺第一层营养土，厚度大概在育苗盘的2/3处；种子种好后，覆盖种子的营养土只需要薄薄的一层，0.5～1cm即可。
- 播完种子以后需要浇水，浇水的原则是见干见湿。用手去抓拌好的营养土时，营养土在手中可以成形但不流出水；当手放开时，营养土能自然散开，不结团，就是达到了浇水的标准，浇水一定要浇透。
- 当植物生长出一片真叶后，可将苗挖出（尽可能减少伤根），进行洗根，包裹海绵，移到水培苗床继续生长；植株长到三叶一心的时候，即可定植到栽培床上进行生长。

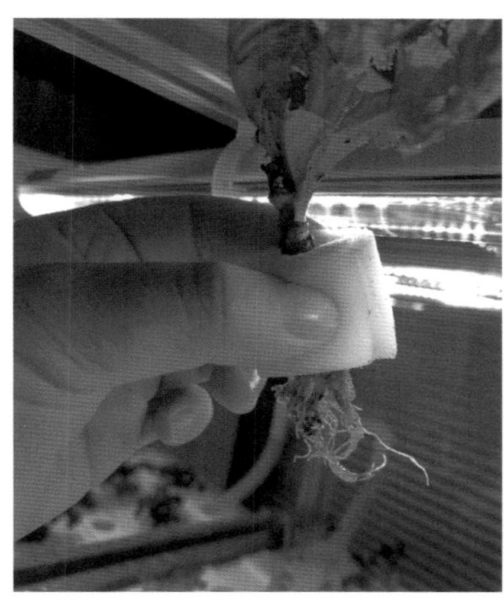
用定植棉包裹植株根部

将植株放入水培种植槽

5.2.4 物联网环境监测及控制系统

物联网环境监测及控制系统物料准备

水泵

水循环动力装置

智能开关

智能控制装置

pH值传感器

测试水质的pH值

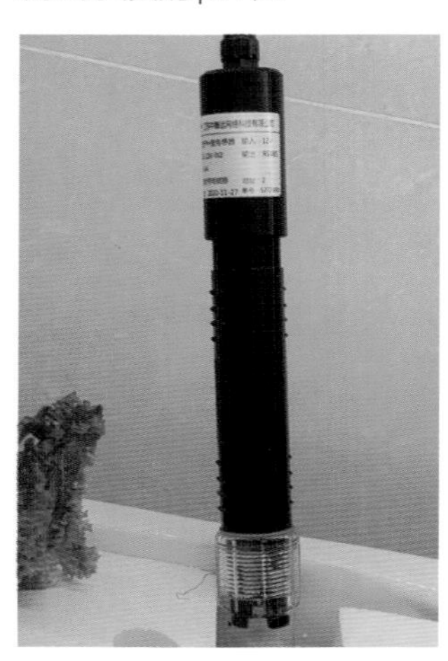

电导率传感器

检测水质的电导率

二氧化碳传感器

检测二氧化碳浓度

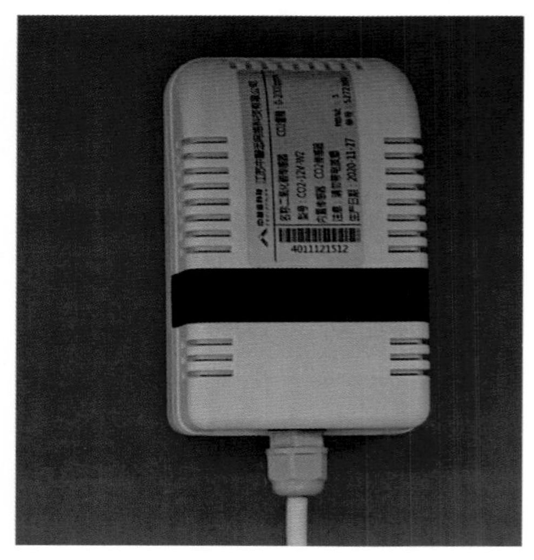

环境数据采集仪

连接传感器读取数据

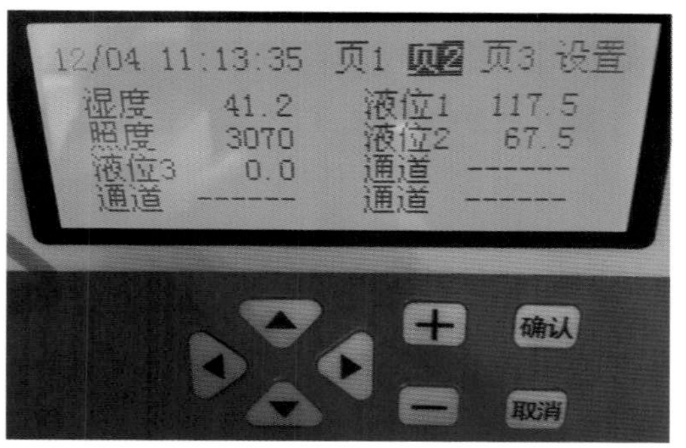

串口服务器

连接采集仪实现数据上传

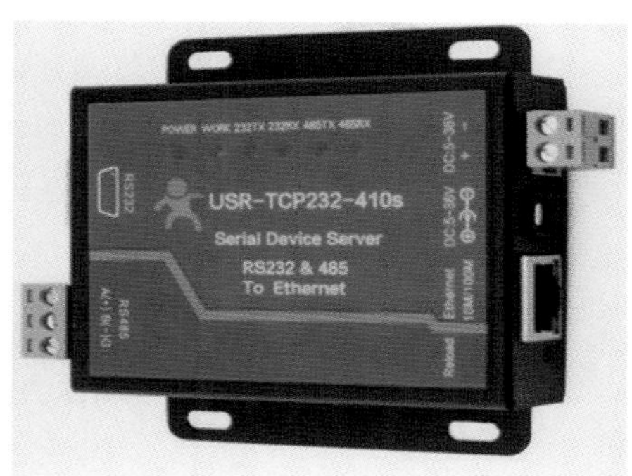

物联网环境监测及控制系统安装

将覆盖好防水膜的种植槽放上架子

安装水循环系统

安装智能控制系统

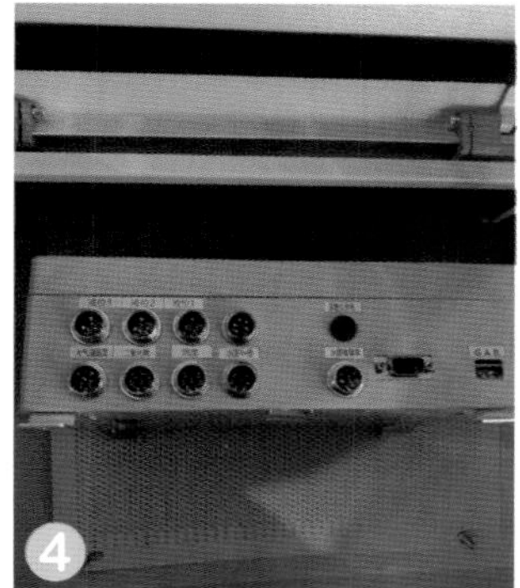

安装传感器

传感器与采集仪连接

安装采集仪与串口服务器到控制箱

物联网环境监测及控制系统安装要点

- 智能开关安装时，先下载Smart K这个App，然后必须在同一Wi-Fi条件下才可以配置智能开关的设定。操作步骤可参考智能开关说明书。
- 根据传感器说明书安装传感器的对应位置，将其放置在水中、灯光下或空气中。
- 传感器与数据采集仪连接时，采集仪上的插口要与传感器对应，若不对应采集的数据就无法显示。
- 采集仪与串口服务器相连，要注意通信线是485通信通道，还是232通信通道，若是485通信通道，连接的采集仪与串口服务器，就要对应到485的通信通道。

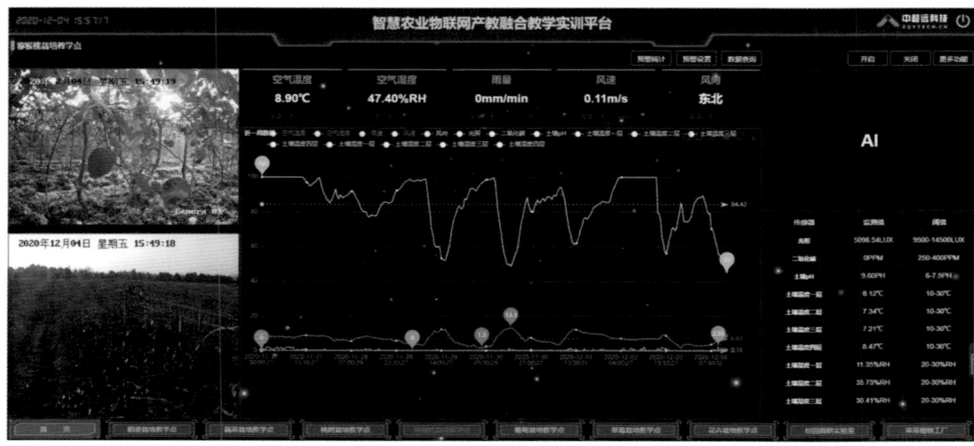

物联网环境监测及控制系统

5.3 工作任务

和亲爱的老师、同学们一起来管理“菜菜植物工厂”吧！

5.4 成品展示

多层深液栽培系统

单层深液培栽培系统

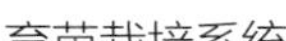

育苗栽培系统

果菜栽培系统

5.5 养护方法

5.5.1 漂浮栽培系统养护管理

5.5.1.1 光照管理

蔬菜生长需要光照，每天要保证10h以上的光照时间。建议每天8∶00-18∶00时开启补光灯系统，具体补光灯开启时间根据实际情况来定，总时长不少于10h，将电源插在智能开关上控制。当光照传感器的值大于10 000lx的时候，可以关闭补光。传感器数值可以到控制箱中查看，也可在物联网检测平台上查看。

漂浮栽培系统

5.5.1.2 温度管理

奶油生菜喜欢冷凉的气候，温度保持在15～30℃，可正常生长，最佳的生长温度是20～25℃；长期处于高温或低温会阻碍植物的正常生长。温度主要通过通风和空调来控制。可使用温度传感器来检测温度，当温度不在适宜区间时，可通过通风或者空调来调整植物工厂的温度。

注：大多数生菜喜欢冷凉的环境，其他植物品种可根据其生长习性而定。

5.5.1.3 通风管理

植物生长过程中注意保持良好的通风。建议每天开窗或者通过新风系统进行辅助通风（开窗通风时，纱窗需要关上，防止害虫进入），防止局部环境湿度过高滋生细菌。禁止空调、通风设备直吹植物，以免叶面失水过多而造成损伤。

5.5.1.4 灌溉管理

可通过物联网设备进行定时处理，每隔4h灌溉1次（8:00时开始、22:00时截止），每次10min。将水泵的开关插在智能开关上面，通过程序设定每次水泵开启和关闭的时间，定时开关。注意在液位传感器低于警戒水位时，要给其补水。

注：每次灌溉时，水泵调节到调节阀1/3处即可，以免水流过大，水满而溢。

5.5.1.5 营养液管理

根据种植系统的体量，配置相应的营养液。每种营养液可维持植物生长的时间因品种以及环境而不同。更换营养液的次数以及时间可根据营养液的EC值以及pH值而定。生菜类最适宜生长EC值为1.8～2.5ms/cm(一般保持在2.0左右)；最适pH值为6.4～7.4（一般保持在7.0左右）。

通过集成控制器实时检测营养液的环境。当EC值低于正常区间，pH值高于正常区间时，需要给营养液增加养分；当EC值高于正常区间，pH值低于正常区间时，需加水。

5.5.1.6　日常管理

摘除底部黄叶、老叶，防止黄叶因为潮湿发霉而引发病菌感染。

养护管理

注意　**植物徒长原因及解决方案**

①光照不足。植物补光不足，应适当延长补光时间，从原定的 10h，适当延长到 15h。

②温度过高，尤其是夜间温度。生菜类植物生长的最适宜温度为 20 ～ 25℃。出现徒长情况，夜间可适当降温，保持在 18℃左右。

③局部湿度过大，通风不好。加强通风、除湿，防止局部温度过高。

④营养液局部浓度过高。增加营养液循环次数及循环时间，可以从 3 次增加到 5 次，从每次 15min 增加到 25min。

5.5.2　果菜栽培系统养护管理

5.5.2.1　光照管理

植物补光灯时间每天不少于 10h，一般设定补光时间为 8:00–18:00 时，利用智能开关设置每次的启动时间。

5.5.2.2　循环灌溉系统管理

种植方式为基质栽培，浇水原则为见干见湿，土壤捏而不散（无水流出）即可。

5.5.2.3　日常管理

摘除黄叶、枝条落蔓、授粉处理、除去发育不良的果实。

5.5.2.4　温度管理

适合的生长温度为 20 ～ 30℃。当温度高于 30℃时，启动制冷模式进行降温；当温度低于 15℃时，启动制热模式进行升温。

5.5.2.5 通风管理

由于处于室内比较封闭的环境，建议晴朗天气开窗或者使用新风系统进行辅助通风（开窗通风时，纱窗要关上，防止害虫进入），以保证植物良好的通风环境，否则通风不良容易造成植物生长不良以及滋生病害。

日常修剪

5.5.2.6 土壤环境管理

种植采用的是泥炭土和珍珠岩混合基质栽培方式，浇水时要浇透。茄果类的种植对于水分的要求不高，一般一周浇水两次，每次浇透即可。

5.5.3 育苗栽培系统养护管理

5.5.3.1 通风管理

在种子萌发期间，保证土壤湿润，保证一天不少于3h的通风时间，否则植株环境容易滋生病害。

由于处于室内比较封闭的环境，建议晴朗天气开窗或者通过新风系统进行辅助通风（纱窗要关上，防止害虫进入），以保证植物良好的通风环境，否则易因为通风不良造成植物病害。

灌溉管理

5.5.3.2 灌溉管理

种子萌芽后，除了正常灌溉外，切勿灌溉过多的水，以防造成苗期病害（烂根、倒伏等）。

5.5.3.3 光照管理

苗期可对萌发的植物进行正常补光，植物补光灯时间每天不少于 10h，可设定补光时间为 8：00—18：00。苗期应该保证 8h 的光照不少于 10 000lx，否则可能会出现徒长的现象。

5.5.3.4 温度管理

适合的育苗温度为 18 ～ 25℃，当超出该温度区间时，可通过空调等设备进行温度调控。温度数据在物联网平台上可以实时显示并进行红色预警。

5.6 养护记录

漂浮栽培系统（多层）养护记录表									
日期	温度（℃）	湿度（%）	液位	pH值	EC值	光照强度（lx）	植株个数（个）	发现问题（个）	记录者

续表

日期	温度(℃)	湿度(%)	液位	pH值	EC值	光照强度(lx)	植株个数(个)	发现问题(个)	记录者

漂浮栽培系统（单层）养护记录表

日期	温度（℃）	湿度（%）	液位	pH值	EC值	光照强度（lx）	植株个数（个）	发现问题（个）	记录者

果菜栽培系统养护记录表

日期	温度（℃）	湿度（%）	开花数（朵）	植株高度（cm）	结果个数（个）	光照强度（lx）	发现问题（个）	记录者

5.7 智学加油站

5.7.1 深液流水培（DFT）技术

深液流水培（DFT）技术：是在比较深的培养床内注入定量的培养液，进行间歇、多次的循环，营养液在曝气的同时进行定时循环，或是在栽培床之间进行循环流动，以保持足够的溶氧量。

深液流水培技术使根系环境更加稳定，减少临时断水、断电等意外情况对蔬菜生长的影响，增加水中的溶解氧，减少根无氧呼吸带来的毒害，提高蔬菜生产效率。

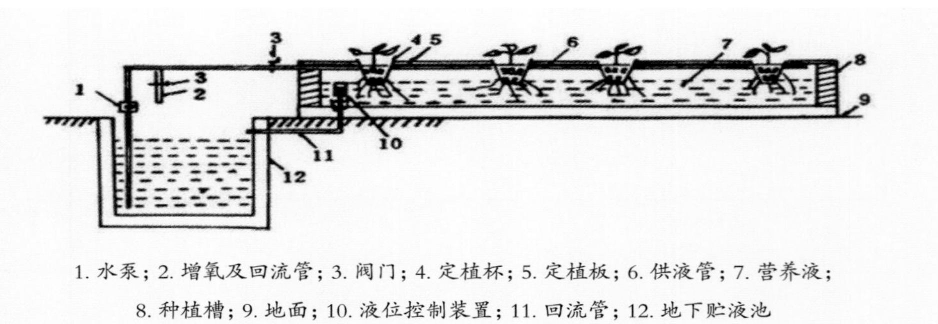

深液培结构示意图

5.7.2 植物生长灯

植物生长灯是人造光源，通常是电光源，旨在通过发射适合于光合作用的电磁波谱来刺激植物生长。植物灯用于没有天然发光或需要补光的系统中。例如，在冬天，当日照时间可能不足以达到植物生长所需时，植物生长灯被用来延长植物接收光的时间。植物如果没有得到足够的光，它们将徒长。

- 植物灯有红、蓝、紫、白等几种光谱。
- 红光光谱主要调节植物叶片的增大。

● 蓝色光谱主要调节叶片数量的多少。

● 紫色光谱是红色和蓝色的结合，用紫色光谱是叶片数量和叶片增大一起调节。

● 白色光谱是全光谱，从各个方面调节植物的生长。

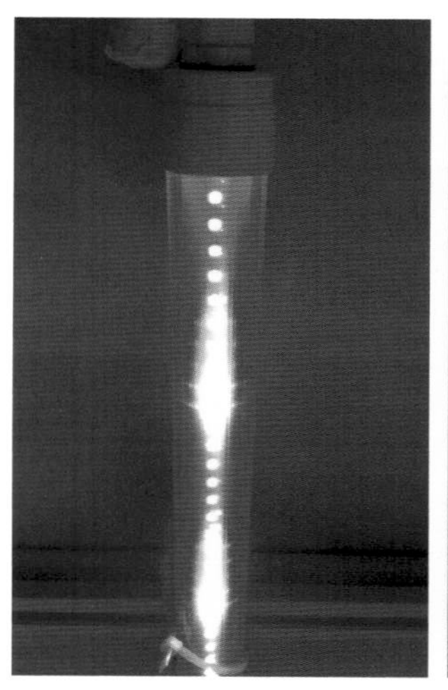

植物生长灯

5.7.3 常见营养液

无土栽培经典营养液

（1）霍格兰氏（Hoagland's）水培营养液。霍格兰氏水培营养液是 1933 年 Hoagland 与他的伙伴经过大量的对比试验后研究出来的，这是最原始但依然还在沿用的一种经典配方。

（2）斯泰纳（Steiner）营养液。斯泰纳营养液通过营养元素之间的化学平衡性来最终确定配方中各种营养元素的比例和浓度，在国际上使用较多，适合于一般作物的无土栽培。

（3）日本园试通用营养液。日本园试通用营养液由日本兴津园艺试验场开发提出，适用于多种蔬菜作物，故称之为通用配方。

（4）日本山崎营养液。日本山崎营养液配方为 1966−1976 年山崎肯哉在测定各种蔬菜作物营养元素吸收浓度的基础上配成适合多种不同作物的营养液配方。

5.7.4 叶菜水培种植

水培蔬菜当中，最容易种植的是叶菜类蔬菜。因为叶菜对于生长环境的适应性较高，而且对于营养液环境的要求较低。在南京地区可用于水培的常见叶菜有皱叶生菜、菠菜、芹菜等。

皱叶生菜

菠菜　　芹菜

5.7.5　果菜基质种植

适合基质栽培的果菜有黄瓜、番茄、茄子、辣椒，在南京地区基质栽培比较多的是黄瓜和番茄。黄瓜以戴多星黄瓜为主，番茄以千禧番茄为主。

5.7.5.1　戴多星黄瓜

戴多星黄瓜是从荷兰引进的新一代杂交种，强雌性，以主蔓结瓜为主，结瓜密集，生长周期长。无棱、无刺、果皮翠绿色，有光泽，皮薄，口感脆嫩，品相好，附加值高，无瓜把，可食率高，耐贮存，富含维生素和矿物质。具有较强的抗黄花叶病毒病、黄脉纹病毒病、疮痂病和白粉病的能力。最适生长温度27℃，最低不得低于15℃，最高不得高于35℃，水培最适生长EC值为2.5～2.8，最适pH值为5.5～5.8，不得低于5.5，最高不得高于7。

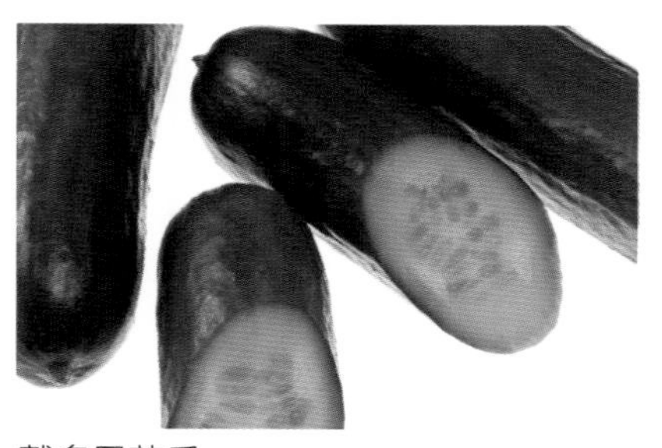
戴多星黄瓜

5.7.5.2 千禧番茄

千禧属无限生长型樱桃番茄杂交种。从播种至始收90d左右，始花节位7～8节；产量高；果短椭圆形，果色桃红，品质较优。栽培上应轮作，注意防治枯萎病、青枯病、病毒病等病害。最适生长温度27℃，最低不得低于10℃，最高不得高于38℃，水培最适生长EC值为1.2～2.0，最适pH值为5.7～6.2，不得低于5.5，最高不得高于7.5。

千禧番茄

5.8 校园之外

5.8.1 水培蔬菜的发展趋势与展望

随着社会不断进步以及全球经济的快速发展，人们对生活品质的要求逐渐提高，食品质量安全意识越来越强，因此，绿色无污染健康食品的市场潜力巨大。水培技术能对蔬菜的整个生长发育过程进行精准的养分控制，避免了肥料的浪费，生产出的蔬菜产量和品质及经济价值较高；同时水培蔬菜不受土传病害的侵袭，减少了农药的使用，在一定程度上缓解了蔬菜类食品安全问题。而

植物工厂

近年来基于计算机技术、传感技术和互联网技术的快速发展，物联网技术不断成熟，智能控制系统逐渐应用于园艺设施内水培蔬菜的生产中，并衍生出一系列适用于无土栽培的智能控制系统，利用传感器对设施内的环境因子自动化采集和校验，将数据传输至手机端 App，实现了远程智能化调控，同时也能够让消费者完全了解和参与水培蔬菜的整个生产管理过程，有效地宣传和普及水培蔬菜技术，推动水培蔬菜系统的快速发展。

另外，作为未来农业的发展方向，植物工厂能借助 LED 灯具等人工光源，在完全密闭可控的环境下对蔬菜进行光照，运用现代化营养液栽培与物联网环境调控等技术，进行水培蔬菜的周年生产，虽然投资成本偏高、能源负荷较大，但植物工厂内叶菜生产效率是露地的 108 倍。目前大多数植物工厂尚处于试验示范阶段，但是，植物工厂的水培系统结合营养液的自动检测与控制、综合环境控制来调控水培蔬菜产量与品质、水培蔬菜生产的智能化与自动化等也是未来的重点发展方向。（摘编自今日头条）

5.8.2 南京植物工厂实现蔬菜日产五百斤

溧水白马镇通过探索“农业 + 科技 + 产业融合 + 新型城镇化”的新模式，根据自身基础、科技实力和产业特色，大力实施创新驱动和乡村振兴战略。

深圳能源集团在白马镇投资了“光伏 + 农业”项目，1.5 亩①的“光伏 + 农业”智能植物工厂顺利投用。植物工厂中的灯带能够模拟自然光并过滤掉对植物生长不利的光线，浇灌作物的水源也是经过净化的纯净水，配合含有微量元素的营养液，给蔬菜提供一个良好的生长环境。植物工厂中的蔬菜生长期比自然环境要缩短一半，每日可有 500 斤②的产出。未来，白马镇计划依托入驻白马国家农业科技园区的南京农业大学、南京林业大学、江苏省农业科学院、江苏省中国科学院植物研究所等 7 家高校院所，建立校地共建共享、融合发展机制，打造国际一流的农业硅谷（摘编自凤凰网）。

“光伏+农业”实现高效率农业变革

① 1 亩≈ 667m^2。
② 1 斤 =500g，2 斤 =1kg。

5.9 考考你

深液流水培（DFT）是什么？

不同的光谱有什么作用？

水培叶菜营养液合理的 pH 值与 EC 值是多少？如何控制 pH 值与 EC 值？

高浓度营养液 A 液和 B 液为什么不能混合配置？

叶菜水培每天需要光照时长是多少？水循环该如何管理？

Chapter 6

垂直农业体验站

垂直农业体验站由三部分组成，分别是：人工光植物工厂、植物墙、生态桌椅。当农业成为城市的一部分来装点城市，城市便多了一分宁静，少了一分喧闹；多了一分绿意，少了一分尘埃。城市的绿化率上去了，城市的污染和噪声降下来了，环境将更加适合人们的居住，因此，了解垂直农业，都市农业，从这里开始……

垂直农业

6.1 创意工坊

展厅体验区

6.1.1 环境概况

此区域位于室内，光照条件极差，通风一般，总面积约 17m^2，中间有一个操作台。

此区域空间相对开放，冬季过于寒冷，建议 10℃以下停止种植。

6.1.2 创意设想

垂直农业体验区：展示垂直农业在生产生活中的一些应用。

生态植物墙：用特殊的模块组合成的可用于种植植物的结构，包含种植槽、

水循环结构、分流结构、储水结构等。

生态桌椅：一种将植物与家具结合在一起的绿色家居产品。生态桌椅供学生／老师交流使用，身处绿色植物围绕的空间，头脑清晰，易激发想象力和创造力。

两组相同的人工光植物工厂，位于相同环境内，补光灯和水泵配有定时器，可自主设置光周期和供液周期。

可作为栽培试验区，独立补光和供液系统，用作缺素症、供液周期、光周期等知识教学。

6.1.3 创意方案

现代都市生活中，吵闹、喧嚣和快节奏几乎成了人们必须要面对和承受的现实，人们都在寻找城市当中的一片净土，现代化的都市农业就是一个很好的选择。当建筑被植物包围，走进时如沐森林，那绿意盎然的感觉便会让人忘却身处闹市，而仿佛又回到了大自然中。

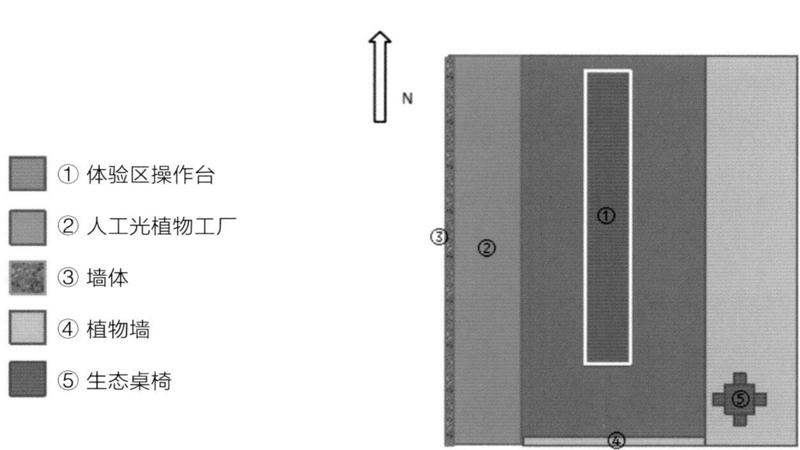

垂直农业体验区布局方案

我们一起来看看“垂直农业体验站”是如何建成的吧？

6.2 垂直农业体验站安装及管理

6.2.1 人工光植物工厂

6.2.1.1 安装

物料准备

植物架

放置种植槽

植物灯

给植物生长进行补光

种植槽

种植植物的载体

防水膜

保证营养液可以稳定供给

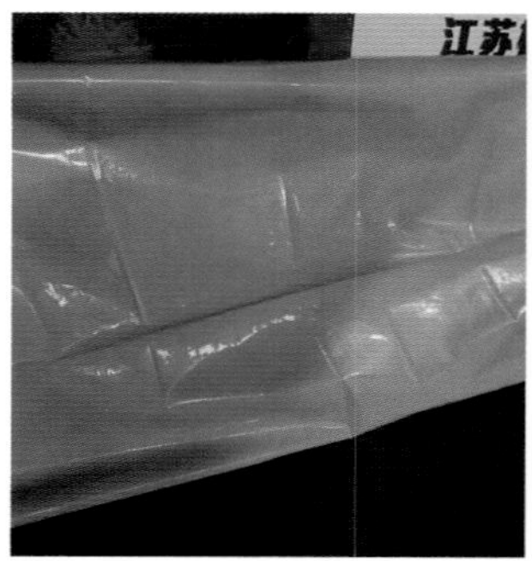

定植板

给植物提供生长的空间

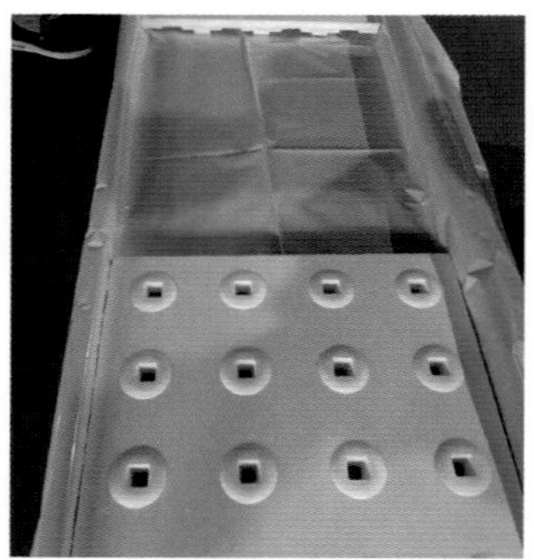

种子

生产的主体

定植棉

固定植物根系

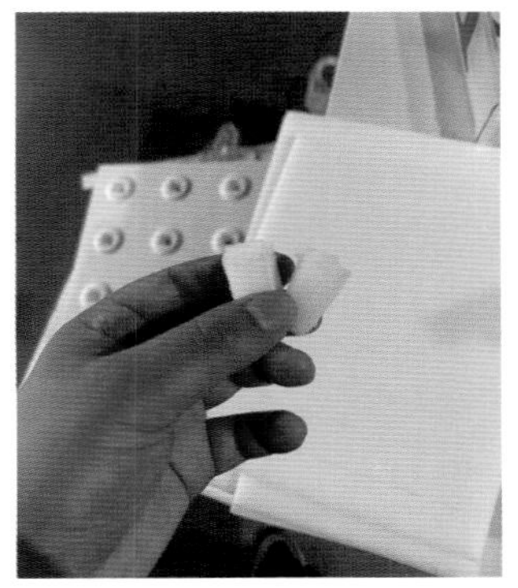

营养液

给植物生长提供养分

水管

水循环的载体

水箱

存储营养液

水泵

水循环动力装置

智能开关

智能控制装置

pH值传感器

测试水质的pH值

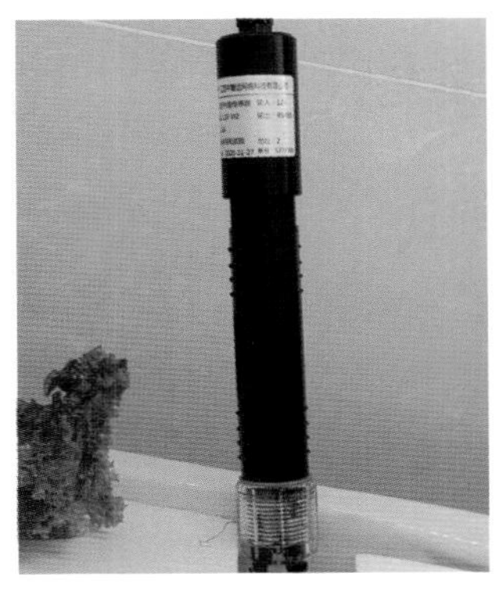

电导率传感器

检测水质的电导率

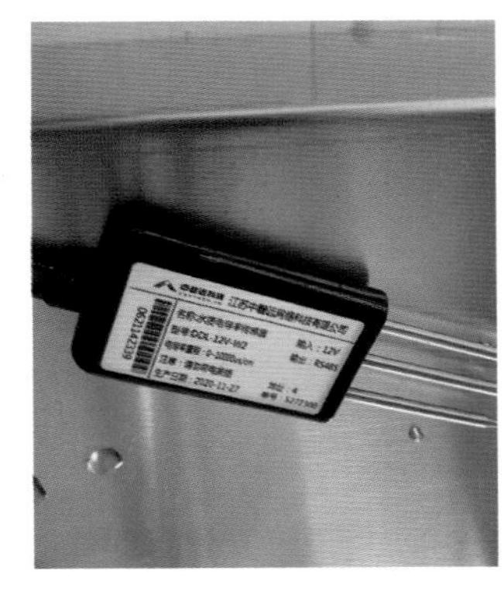

二氧化碳传感器

检测二氧化碳浓度

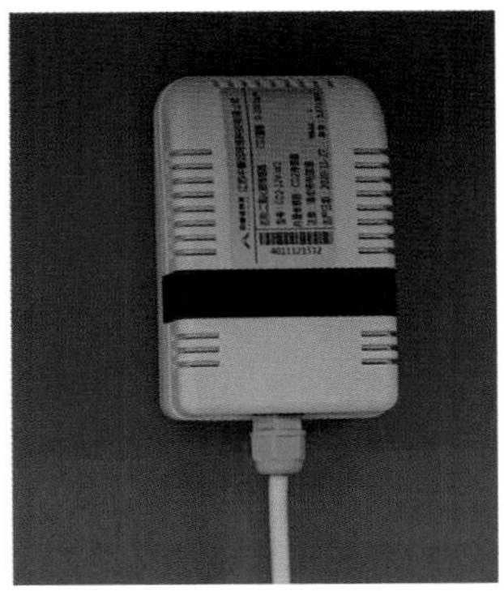

环境数据采集仪

连接传感器读取数据

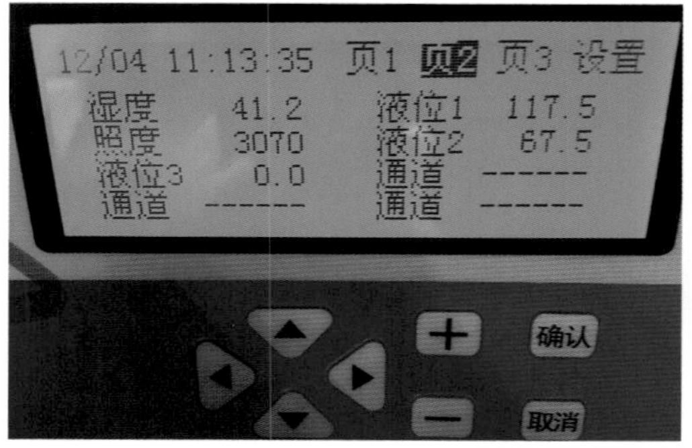

串口服务器

连接采集仪实现数据上传

安装

安装架子

安装种植灯

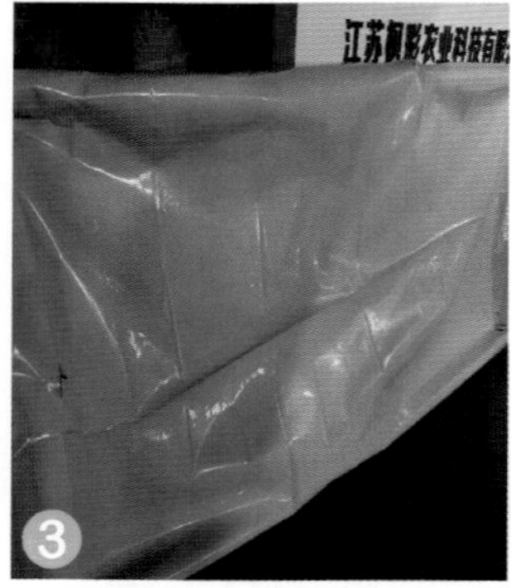

拼接种植槽并覆盖上防水膜

将覆盖好防水膜的种植槽放上架子

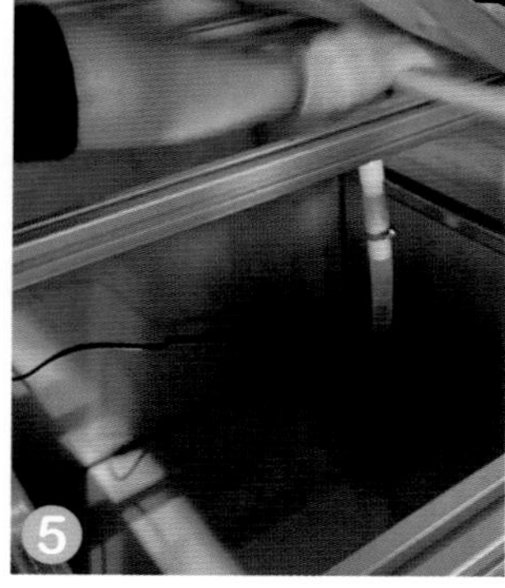

安装水循环系统

安装智能控制系统

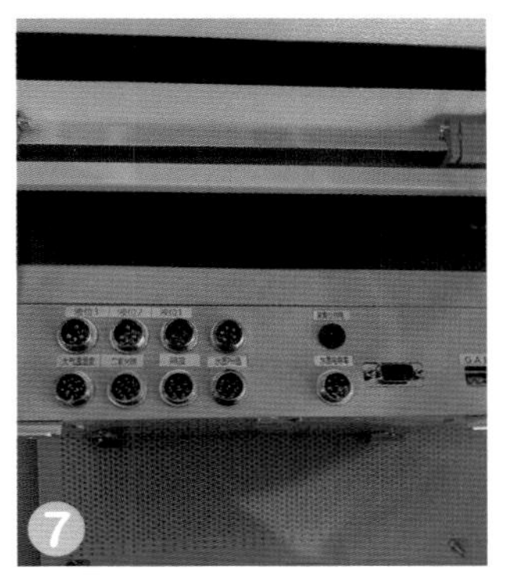

安装传感器

传感器与采集仪连接

安装采集仪与串口服务器到控制箱

注意要点

- 安装架子的时候一定要先安装外部结构，再安装内部架构，否则很容易搞混，不知道接下来该装哪一根。
- 安装植物灯的时候，每一层上面的灯管都应采用串联的方式，而每一层和每一层之间用并联的方式进行连接，这样可以减少整个电路的功率。功率过大可能导致线路短路，从而造成植物灯的损坏。

单层串联

层间并联

- 覆盖防水膜的时候要注意把地上的杂物打扫干净，否则异物会损坏防水膜，导致整个防水膜都要更换，增加很多成本。最好是将防水膜放置在离地面0.5m的操作台上进行覆膜操作。

悬空安装防水膜

- 将种植槽放上架子的时候，一定要注意从侧面缓缓地将其放入，避免弄断。
- 水箱中加水，水的刻度一定要超过水泵的高度，否则水泵工作时会从下方吸入空气，导致水泵的使用寿命大大缩短。
- 智能开关安装时，根据说明书要求，先下载Smart K App，然后在同一Wi-Fi条件下设定好智能开关。
- 安装传感器时须根据传感器说明书要求，安装在合适的位置。如水中、灯光下、空气中等。
- 传感器与数据采集仪连接时，注意采集仪上的插口要与传感器对应，若未对应，采集的数据将无法显示。
- 采集仪与串口服务器相连，要注意通信线是485通信通道，还是232通信通道，若是485通信通道，连接的采集仪与串口服务器，就要对应到485的通信通道。

6.2.1.2 养护管理

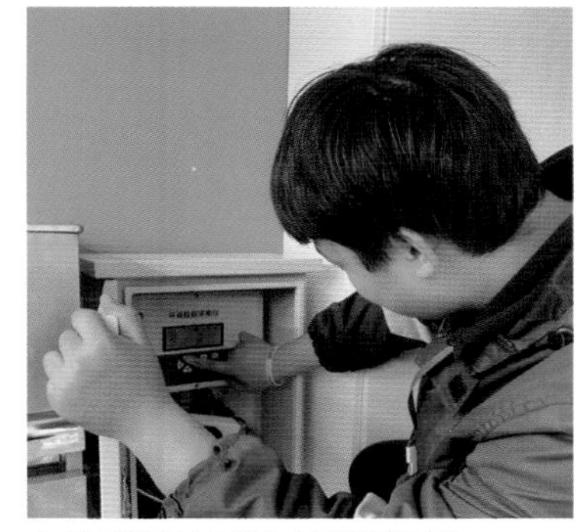
在物联网控制箱中查看数据

（1）光照管理。蔬菜生长需要光照，每天要保证 10h 以上的光照时间；建议每天 8：00—18：00 开启补光灯系统，具体补光灯开启时间根据实际情况来定，总时长不少于 10h，将电源插在智能开关上控制。当光照传感器的值大于 10 000lx 的时候，可以关闭补光灯。传感器数值可以到控制箱中查看，也可在物联网平台上查看。

（2）温度管理。蔬菜喜欢冷凉的气候，温度保持在 15 ～ 30℃，可正常生长，最佳的生长温度是 20 ～ 25℃；长期处于高温或低温会阻碍植物的正常生长。温度主要通过通风和空调来控制。可以使用温度传感器来检测温度，当温度不在适宜区间时，可通过通风或者空调来调整植物工厂的温度。

注：大多数生菜类喜欢冷凉的环境，其他植物品种根据其生长习性而定。

（3）通风管理。植物生长过程中注意保持良好的通风。建议每天开窗或者通过新风系统进行辅助通风（开窗通风时，纱窗需要关上，防止害虫进入），防止局部环境湿度过高滋生细菌，禁止空调、通风设备直吹植物，以免叶面失水过多而造成损伤。

查看水箱

（4）灌溉管理。可通过物联网设备进行定时处理，每隔 4h 灌溉 1 次（8：00 开始，22：00 截止），每次 10min。将水泵的开关插在智能开关上面，通过程序设定每次水泵开启和关闭的时间，定时开关。注意在液位传感器低于警戒水位的时候，需要给其补水。

注：每次灌溉时，水泵调节到调节阀 1/3 处即可，以免水流过大，水满而溢。

（5）营养液管理。根据种植系统的体

量，配置相应的营养液。每种营养液可维持植物生长的时间因品种以及环境而不同。更换营养液的次数以及时间可根据营养液的 EC 值以及 pH 值而定。生菜类最适宜生长 EC 值为 1.8 ～ 2.5ms/cm(一般保持在 2.0 左右)；最适 pH 值为 6.4 ～ 7.4（一般保持在 7.0 左右）。

通过集成控制器实时检测营养液的环境。当 EC 值低于正常区间，pH 值高于正常区间时，需要给营养液增加养分；当 EC 值高于正常区间，pH 值低于正常区间时，需加水。

（6）日常管理。摘除底部黄叶、老叶，防止黄叶因为潮湿发霉而引发病菌感染。

日常管理

植物徒长原因及解决方案，可参考94页。

（7）种植程序。选种（根据需要选择合适的种植品种）—育苗（苗床上育苗）—炼苗（将长出一片真叶的苗，定植到苗床上进行炼苗）—定植（将炼苗床已经长出三叶一心的苗定植到相应的栽培床上）。

6.2.2 植物墙

6.2.2.1 安装

物料准备

种植槽

用于植物种植

种植架

固定种植槽

种植棉

植物根系保护层

矾根

植物墙植株

鸭脚木

植物墙植株

袖珍椰子

植物墙植株

鸟巢蕨

植物墙植株

合果芋

植物墙植株

夏雪银线蕨

植物墙植株

水管

水循环设备

水泵

水循环动力装置

水箱

水源

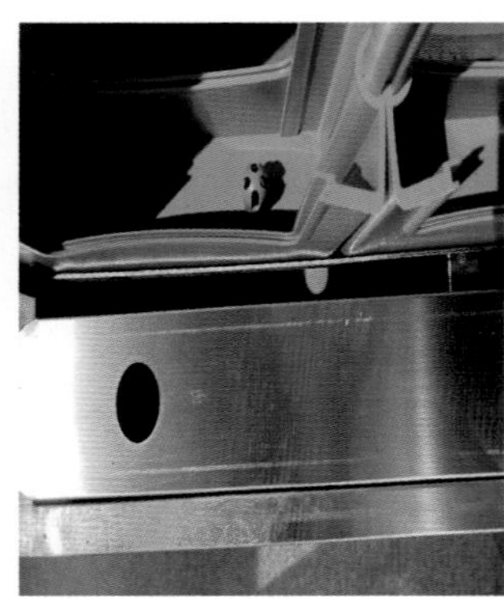

射灯

补光设备

安装

安装种植槽

放入种植棉

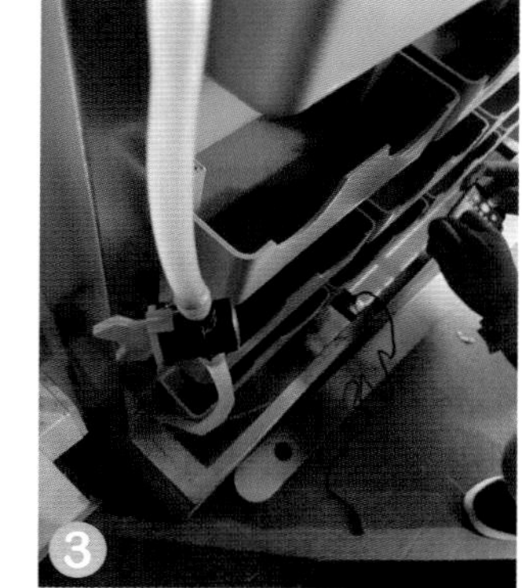
通上水循环系统

种植植株

完成种植

安装种植灯

注意要点

- 安装种植槽时要一层一层向上安装，安装时一定不可以插错空隙，如果插错必须推翻重新安装。
- 放入种植棉时每一个种植槽当中需要放入两块。因为种植的植株在生长时根部需要足够的空间，两层种植棉可以提供充足的空间。另外，一层种植棉会导致根部环境疏松，植株根部无法很好固定，也需要两层种植棉来增加密度。
- 安装循环系统时每个种植架需要安装两个水泵，因为一个水泵的压力无法满足给所有植株浇水的需要。当

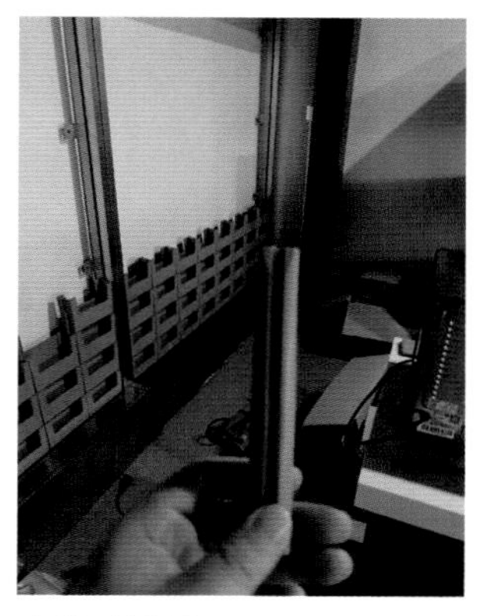
安装种植槽

一个水泵抽水上去的时候，水无法覆盖整个区域时，中间部分植株就会出现缺水现象。

- 植物种植要错落有致，突出层次感。一般每个角度都需要有主景观作为支撑。
- 因为在室内没有充足的阳光，植物灯就显得特别的重要。一面植物墙最少需要4个400W的射灯进行补光，否则植株无法有效进行光合作用。
- 植株种植应该留有一定间隙。植株在生长过程中，会越长越密，因此在一开始种植时就需要留有一定的空间。配合后期的修剪，茂盛的植株可以让植物墙更加美观。

射灯

- 水泵加水时，须将整个水泵浸没在水中，否则会导致水泵使用寿命缩短。
- 植物墙顶部的水槽有很多小孔洞，这些孔洞是浇水时水流的出口。由于植株底部是基质，可能会导致在浇水时，基质被水泵吸到上部的水槽从而造成水流出口堵塞，因此在每次浇水时，须检查每个出水口是否出水，若出现堵塞的现象，应当及时利用牙签等将堵塞物清除。

6.2.2.2　养护管理

（1）温度管理。植物墙植物最适宜生长温度为 20 ～ 25℃，最低温度不得低于 15℃，长期低于此温度植物将受到冻害，严重时可造成植物死亡。最高温度不得超过 30℃，若长期处于 30℃以上，植物将因为温度过高，引发各种病害，严重的造成植物死亡。

（2）病虫害防治。植物墙植物主要是受真菌等病害感染，只要定期进行杀菌灌根处理即可，可使用多菌灵、噁霉灵等杀菌药物，每隔 6 个月进行一次杀菌，采用灌根方式，即将一定浓度药物加入水中混匀后，进行灌溉。

（3）灌溉管理。原则上每 7d 对植物墙进行一次灌溉，每次灌溉半个小时；每列种植槽循环回底部水箱后，再灌溉 10min 即可。浇水时间依据具体情况而定，一般每 7d 对植物根部缺水情况进行检查，根据检查结果确定是否进行灌溉。

浇水原则：一次浇透水，切勿半干半湿。

（4）光照管理。植物墙补光灯每天不少于10h 的补光时间，可使用定时器补光系统进行定时。

植物修剪

（5）植物修剪管理。植物墙中的植株生长方向稍有倾斜，生长速度慢，日常管理将植物枯叶、黄叶摘除即可。若部分植物生长过长，使用剪刀在枝叶分杈处修剪即可。

（6）植物营养管理。根据需要可每隔 6 个月进行一次营养灌溉，营养液可使用市面上的花卉专用营养液，如花多多，或者使用叶菜营养箱中的营养液。

（7）注意事项。

①灌溉管理原则是 7d 浇灌一次，但由于室内气候变化不定，灌溉时间在冬春季节也不一样。可根据 7d 检查原则进行灌溉前检查，在灌溉之前务必用手触摸顶层土壤是否已干，否则无需灌溉。浇水时间选择晴天的上午或者 15 : 00 时以后为佳。

②每 6 个月将水箱清洗一遍，并加入杀菌剂进行杀菌以及植物病害防治。

③当植物出现大面积死亡，进行植物更换时，应该先将种植盒内的基质土清理干净再进行种植。

④在植物墙灌溉过程中，若有某一列植物没有浇水，则有可能是顶部下水口已经堵住，需要清理一下堵孔。

6.2.3 生态桌椅

6.2.3.1 安装

物料准备

亚克力玻璃桌

植物种植的容器

亚克力玻璃凳

植物种植的容器

网纹草

生态桌椅可选植物

矾根

生态桌椅可选植物

鸭脚木

生态桌椅可选植物

袖珍椰子

生态桌椅可选植物

合果芋

生态桌椅可选植物

夏雪银线蕨

生态桌椅可选植物

营养土

供植物生长

彩沙

装饰作用

营养土制作

1 取出泥炭土

2 加入珍珠岩

加入骨粉

搅拌均匀

加入水搅拌

成品

操作重点

- 营养土当中泥炭土、珍珠岩和骨粉的比例为7∶2∶1。加水搅拌营养土，搅拌到营养土湿度为60%，即用手去抓拌好的营养土时，营养土在手中可以成型但不流出水；当手放开时，营养土能自然散开，不结团。骨粉一定要搅拌在营养土当中，注意搅拌均匀。
- 在底部放入底石。底石主要选择具有透气性的一些小石块，如蛭石、陶粒等，如果没有这些材料，也可以选择一些小石子或者沙石来制作。底石放入的要求是把容器

生态桌椅

底层铺满就好，约1cm就可以了。

- 加入搅拌好的营养土。营养土铺成一定的坡度，高处和低处相差较大，因为空间有限，增加坡度有利于种植更多植物。铺营养土前后形成的坡度大约需要10°，铺完后土的厚度，应占容器的1/3左右。前景位置的种植土用于固定苔藓，不能过厚，否则影响空间感。
- 种入植物。种植植株注意要有层次感，突出主要观赏的植株，一般一批植株中长势最好的为主要观赏植株。种植的时候一定不能伤到植株根部，因为根部的损伤可能会导致根部生出病菌，不利于后续植株生长和管理。
- 再次加入营养土，将植株的根部都埋起来即可。
- 加入彩沙进行点缀。

6.2.3.2 养护管理

（1）温度管理。植物最适生长温度为 18 ～ 25℃，最低温度不得低于 15℃，低于此温度植物将受到冻害，严重的造成植物死亡，最高温度不得超过 30℃，若长期处于 30℃以上，植物将因为温度过高，引发各种病害。

（2）病虫害防治。植物主要是受真菌等病害感染，只需要定期进行杀菌灌根处理即可，可使用多菌灵、噁霉灵等杀菌药物，每隔 6 个月进行一次杀菌。

（3）灌溉管理。每 10d 对植物进行一次灌溉，浇水原则：一次浇透水，切勿半干半湿！切勿浇灌过量，使土壤表面存水！

（4）植物营养管理。根据需要可每隔 3 个月进行一次营养灌溉，营养液可使用市面上的花卉专用营养液，如花多多等。

（5）植物修剪管理。因所选植物品种生长速度都比较慢，日常管理将植物枯叶及黄叶摘除即可。若部分植物生长过快，使用剪刀在枝叶分杈处修剪即可。

6.3 工作任务

和亲爱的老师、同学们一起来搭建“垂直农业体验站”吧！

6.4 成品展示

人工光植物工厂

植物墙

6.5 养护记录

人工光植物工厂养护记录表									
日期	温度（℃）	湿度（%）	液位	pH值	EC值	光照强度（lx）	植株个数（个）	发现问题（个）	记录者

续表

日期	温度（℃）	湿度（%）	液位	pH值	EC值	光照强度（lx）	植株个数（个）	发现问题（个）	记录者

植物墙养护记录表

日期	温度（℃）	湿度（%）	液位	光照强度（lx）	是否浇水	发现问题（个）	记录者

生态桌椅养护记录表

日期	温度(℃)	湿度	光照强度（lx）	是否浇水	病虫害	发现问题（个）	记录者

6.6 智学加油站

6.6.1 垂直农场

垂直农场这一概念最早由美国哥伦比亚大学教授迪克森·戴斯波米尔提出。戴斯波米尔希望在由玻璃和钢筋组成的光线充足的建筑物里能够出产人们所需的食物，如在1楼喂养罗非鱼，在12楼种植西红柿……。在建筑物内，所有的水都被循环利用；植物不使用堆肥；产生的甲烷等气体被收集起来变成热量；牲畜的排泄物成为能源的来源等。垂直农场是一种获取食物、处理废弃物的新途径。

植物工厂是垂直农场在生产生活中的一种应用。

6.6.2 植物工厂

植物工厂是现代设施农业发展的高级阶段，是一种高投入、高技术、精装备的生产体系，集生物技术、工程技术和系统管理于一体，使农业生产从自然生态束缚中脱离出来，按计划周年性进行植物产品生产的工厂化农业系统，是农业产业化进程中吸收应用高新技术成果最具活力和潜力的领域之一，代表着未来农业的发展方向。

根据光能的利用方式可分为3种类型，即太阳光利用型植物工厂、全人工光利用型植物工厂、太阳光和人工光并用的综合型植物工厂。

太阳光利用型植物工厂

全人工光利用型植物工厂

太阳光和人工光并用的综合型植物工厂

6.6.3 植物墙

植物墙

城市“热岛效应”越来越严重，人类致力于研发一种在有限绿化面积的都市中，打造海绵城市的方法——植物墙。植物墙有以下优点。

美化城市：植物墙能将大自然风景引入繁杂的城市，是人造结构与自然风光完美的结合体。当每一座桥梁立柱、墙面、屋顶、通道、护栏都覆盖大自然的气息时，无疑带来的是比平面绿化更具有视觉享受的价值。

隔离噪声： 随着城市的发展，由汽车、飞机、人群等发出的噪声和振动经常围绕在我们居住的城市。噪声污染已经成为一个很严重的问题。植物墙具有噪声缓冲的作用，能为我们的家庭和工作场所极大减少外部噪声和振动。

温度调节： 植物墙能消除墙面对阳光的反射，使走在大街上的人不再受阳光的暴晒，感受到凉爽的同时也能使眼睛不被强光照射。另外，可减少墙壁温度：植物墙能减少墙面温度 15℃之多。

净化空气： 植物墙能有效缓解汽车尾气所带来的污染，有效净化空气，增加空气的氧气含量，成本低廉，方式环保。

6.7 校园之外

垂直农业面临的挑战

“想知道未来人们的食物可能会产自哪里吗？请向上看。”——这是“垂直农业”为我们描绘出的一幅图景。未来，人们周围的摩天大楼可能不再是酒店、写字楼或者商业中心，而是一座座农场——我们吃的瓜果蔬菜，甚至鸡鸭鱼肉，都将来自其中。

支持者们声称，地面农业转型成垂直农业后，人类再也不必担心耕地会耗

植物工厂

尽。而且因为是在室内进行农业生产，人们全年都可以种植作物，不用担心坏天气、干旱或自然灾害的影响。如果将建筑物密封起来并仔细监控，就不需要使用杀虫剂来消灭害虫和寄生虫。

质疑者也大有人在。核心的反对观点是：传统农场是生产农作物最简单、最有效的地方。另外，利用人造光和其他特殊设备在室内种植农作物意味着更多投入和花费，并且抵消了靠近消费者的好处。

设想：摩天大楼里种粮食

当传统的土地已经难以挖掘更多潜力时，人们将目光对准了空中。有科学家提出，可以将庄稼种到空中去——建造摩天大楼，令其变身为垂直农场。

由此可见，垂直农业的原则基础非常简单：不是把农作物从农场运到城市，而是尽可能在向上延伸而不是向外扩展的城市温室中种植作物。

1999 年，纽约哥伦比亚大学的环境卫生学及微生物学名誉退休教授迪克森 · 戴斯波米尔称，垂直农场不仅能解决未来的粮食短缺问题，还可以阻止全球变暖，提高第三世界国家的生活水平，改变人类获取食物和处理废弃物的方式。

戴斯波米尔领导了垂直农场项目，该项目农场室内 1 亩的耕作产量等同于室外 4 ～ 6 亩的耕作产量。与此同时，美国佛罗里达州有个农场被改造成了室

草莓暖房

内水耕农场，用于大批量生产草莓。现如今，在这座农场中，每 1 亩暖房能产出相当于 30 亩地的草莓。

那么，摩天大楼到底如何种粮食？

垂直农场在农业生产过程中的重要技术主要有 3 种：滴灌、水培和气培。

垂直农场

滴灌法已经在传统农业生产中广泛应用，主要是利用塑料管道将水通过直径约 10mm 的孔口或滴头送到作物根部进行局部灌溉，对水的利用率可达 95%。

水培法则是将植物种在溶解了各种营养物质的水槽中。在水培温室里，农作物可以全年生长，产量可以达到最大。只要有足够的水分和能量供应，室内

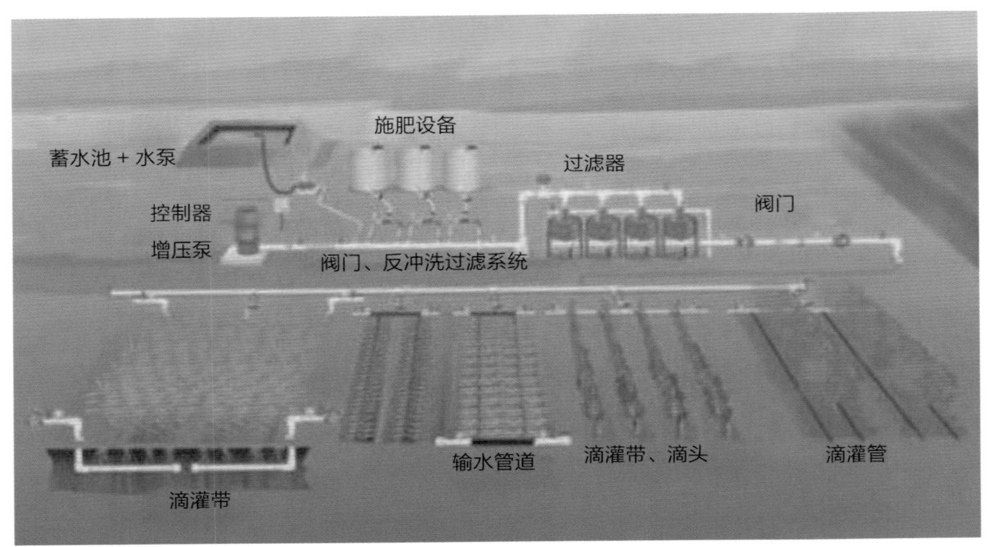

滴灌法示意图

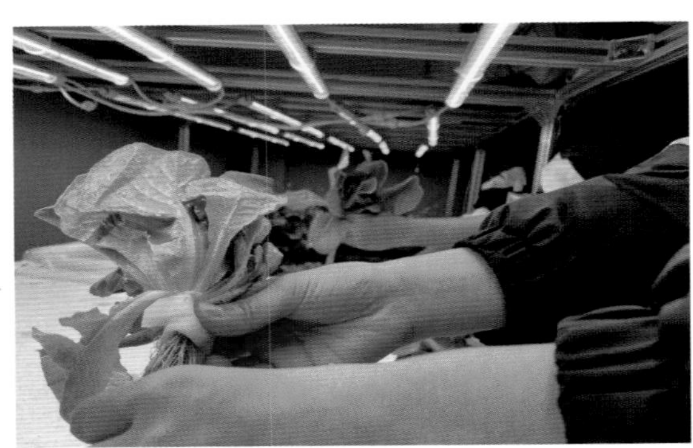
水培

气培

种植可以在任何地方进行，而且空间利用非常灵活，不会破坏土壤的结构。

气培法是将农作物栽培在生物箱内，作物根部悬于营养液上方，营养液以气体的形式喷到作物根部。用这种方法种植农作物可以大量节约用水。有研究表明，气培法所生产的作物含有更高的钙和钾，对人体健康更有益。

而在能源供应方面，农业摩天大楼整体运作包括电力供应系统、水循环系统和智能化补光系统。

垂直农业无疑是一个美好

的设想。理论上讲，在室内从事农业生产，人们全年都可以种植作物，不用担心坏天气、干旱或自然灾害的影响，更不用担心害虫和寄生虫。垂直农场里拥有高精度的环境控制——温度、光照、二氧化碳的浓度以及营养液的含量都由电脑全自动控制，能量的植物转化率是普通农业的 2 ～ 3 倍，而无土栽培也让人不用担心重金属污染等问题。

争议：成本、技术仍待解决

但事实上，不少业内专家表示，垂直农业很难大面积推广开来。对于传统农业来说，这仅是一种补充和创新思维。具体的实施中，也有一些现实的困难和争议摆在眼前。

2015 年，谷歌母公司 Alphabet 停止了谷歌 X 实验室的 100 多个“登月”

农业摩天大楼

项目，其中就包括自动化的垂直农业项目。“在自动收割和提高光照效率等方面，我们取得了进展。但最终，我们无法以这种方式生产水稻和小麦等主要粮食作物，因此我们放弃了这一项目。如果有人能研究出植株较矮的水稻，请联系我们，因为这或许就是问题解决的关键。”在发表在博客网站 Medium 的 TedX 演讲中，谷歌 X 负责人阿斯特罗 · 泰勒这样解释项目中止的原因。

而在华南农业大学水利与土木工程学院讲师陈旭铭看来，垂直农业若要实现自身设定的目标，需要极高的农业发展水平。“目前看来，尤其是在中国，这种水平难以达到。”在戴斯波米尔的描述中，一座占地只有 1 亩、30 层高的垂直农场，可以为 5 万人提供一年的食物和饮用水。正常情况下，一个人每年平均要消耗 1t 的食物与饮用水，5 万人一年的需求是 5 万 t 粮食，所需要的耕地面积是 53 960 亩。而戴斯波米尔的农场建筑只有 30 亩，在建筑设计面积达到最大的情况下，种植平均亩产 926.6kg 的“Y 两优 2 号”超级杂交稻，一年只能提供 27.79t 粮食，仅能满足 27.79 人一年的粮食需要。如果要养活中国 14 亿人，就需要 5 000 万座垂直农场。

陈旭铭进一步举例，假设农业发展水平极高，构想的垂直农场确实能养活 5 万人，由于人消耗的粮食不会有太大波动，所以 5 万人仍然需要 5 万 t 粮食，那么垂直农场的亩产量必须达到 166t，是中国目前最高粮食亩产量的 179 倍。

不仅如此，在现阶段，垂直农业的成本和能耗也始终居高不下。按照中国农业科学院农业环境与可持续发展研究所环境工程研究室主任杨其长的估计，垂直农业的成本每平方米高达 5 000 ～ 10 000 元。一栋高质量的垂直农场可能需要数十亿美元，这显然远超传统农业。另外，就是能源的消耗。有数据显示，如果想利用垂直农业取代美国全年的小麦生产，仅照明用电需要的电量就是美国所有电站 1 年生产总电量的 8 倍，这显然背离了绿色的初衷。

实践：探索需要结合国情

尽管垂直农场的设想还存在着很多问题，但粮食安全问题的紧迫性和理论上的巨大优势，仍然吸引着各国竞相尝试这一新型农业模式。目前，在新加坡、日本、韩国、美国、古巴、荷兰以及中国都有了垂直农场的雏形。

中国农业大学水利与土木工程学院副教授王宇欣介绍，在荷兰，垂直农场生产的食品已经在超市中可以见到。当地一家名为“植物实验室”的公司栽培了各种作物，如草莓、豆角、黄瓜和玉米。更重要的是，它比传统农场减少了近 90% 的用水量。

“中国城市规模的急速扩张与城镇化的不断推进，加剧了建设用地短缺与农田保障的矛盾。迪克森 · 戴斯波米尔曾经表示，最应该实行垂直农业的国家是中国和印度。王宇欣认为，探索垂直农业对于我国来说有着现实意义。

“垂直农场的优点与缺点同样明显。”陈旭铭认为，中国完全可以利用其长处，结合自身国情，发挥垂直农业应有的优势。

陈旭铭以城中村改造为例，提议可以将城中村改造成集居住和现代化生产结合的垂直农场。“城中村的改造一直是城市规划中面临的一个比较头疼的问题。城中村如何改造？改造后如何安置村民？改造后村民如何谋生？如果能在原来城中村的基础上，建成一栋栋立体农场，又能居住又能生产，就既可以解决村民安置的问题，又能使他们发挥一技之长，解决就业问题，同时还能为城市居民提供新鲜的农副产品，改善城市生态环境。”（摘编自搜狐网）

餐厅植物墙设计，给你不一样的就餐体验

垂直植物墙对于餐厅装饰来说是一个很好的元素，除了可以成为昂贵装修的替代品外，还能在净化空气的同时营造出一种醒目清爽的视觉体验，令身处其中的人赏心悦目。

斑斓植物墙，邂逅森系休养所

植物墙的融入能够赋予餐厅独特属性，将枯燥无光的墙壁变成花园休养所，让整个餐厅空间充满活力，创造出让人置身自然的体验感，让向往回归自然的城市人逃离钢筋水泥，乐于为这类体验付费。

森系植物墙

柔和灯光植物

视觉是最有冲击力的，视觉体验也是最有代入感的，在整个就餐过程中，视觉体验是最早产生的，顾客从远处看到餐厅的形态到逐渐通过柔和的灯光感受到餐厅的氛围，体验室内的光影变化，这种体验能够让人产生正向的联想，勾起体验浪漫的欲望，从而加深对餐厅的美好印象，而且这种印象会挥之不去地存在于人们的记忆中。

灯光植物墙

吊柜 + 植物墙，触发场景感知

在工作台后方建设植物墙，在柜台空间上添加一系列垂直挂锅、一个草药园，方便厨师使用。这样的设计给人一种亲和感或者新奇感，能够触发人们对于场景的感知，营造一种随取随食的就餐体验，这些都是增强体验感的重要组成部分。这样独特的瞬间是非常令人感同身受的，正是通过这样的瞬间，给顾客营造一种独立而有意义的现实感，使人仿佛置身田间品尝新鲜美味。

吊柜植物墙

融入药草园，兼具趣味性和艺术性

作为室内座位的重点墙，该植物墙设计添加一系列粉笔板标记的草药花盆，兼具有趣和真实的烹饪艺术。这种体验是眼见耳闻的、可触的、有说服力的，

药草园

能够带动和引导顾客良好的心理体验。随着体验者的深度知觉，可进一步形成空间感的体验，通过营造特殊的空间场景来引发人们的情感体验。

模拟游戏场景，赋予空间特定意义

用绿色垂直花园的长方形盒子打破绿色，仿佛俄罗斯方块游戏，创造独特和充满影响的代入感，运用几何图形赋予空间特定的意义，让体验者与空间之间建立特定的情感联系，使之产生情感依赖和场所认同，最后通过象征意义的体量、图案、材质和触感，激发体验者的相关联想，使其产生主题画的场景体验，进而转化为深刻的回忆。

游戏植物墙

隐私区域，定义空间亲密感

创建隐私区域并定义绿色垂直绿化休闲区。从顾客的感官体验角度入手，使用墙面、木板、屏幕等作为绿色植物的承载依托，探索独特私密的餐厅设计表达方式，将建筑中的局部和片段结合当代美学投射到空间设计中，并且给予空间一定的隐私，让不同的人群产生独一无二的体验追求，亲密又美好。

与绿色相逢，让美食在“大自然”的餐厅里，肆意散发清香。（摘自绿云智通）

隐秘空间

6.8 考考你

请简要介绍一下人工光植物工厂的搭建步骤。

植物工厂中的植株发生徒长时如何解决?

植物墙在安装循环系统时，为什么要安装两个水泵?

植物墙的浇水原则是什么?

在生态桌椅中种植植株时需要注意什么?

参考文献

白嫆嫆，2019. 不同营养液配方浓度对 NFT 培番茄生长发育及无机元素吸收和分配的影响 [D]. 银川：宁夏大学 .

冯旸，2020. 蔬菜无土栽培技术优势与管理措施 [J]. 农业工程技术 , 40(20):36.

何林，李亨，陈红豆，2018. 智能 LED 植物补光灯设计 [J]. 天津职业技术师范大学学报 , 28(03):31−35.

侯宽昭，吴德邻，高蕴璋，等,1998. 中国种子植物科属词典 [M]. 2 版 . 北京：科学出版社 .

李灿，吴朝江，李广彬，等，2019. 水培营养液配方对不同叶菜产量和品质的影响 [J]. 长江蔬菜 (06):62−66.

李珏闻，许胜利，王立宇，等，2020. 应用云计算和物联网技术促进林草有害生物监测预报智慧发展 [J]. 林业和草原机械 , V.1(03):5−10.

李鹏 , 王金龙，2019. 叶菜植物工厂 [J]. 生命世界 (10):39.

李涛，杨其长，2018. 设施园艺生产人工补光理论初探 [J] . 农业工程技术 ,38（16）:48−52.

李鑫，贾小林，2020. 基于物联网的农作物管理系统的研究与设计 [J]. 物联网技术 ,10(10):72−75.

李秀英 ，杨茂森 ，马瑞林，等，2005. 樱桃辣椒的栽培利用 [J]. 农业科技与信息 (11):105−106+108.

李杨，张海峰，刘克宝，等 . 2020. 浅谈农业监测预警时的科学问题 [J]. 农业技术与装备 .

刘世哲，2004. 现代实用无土栽培技术 [M]. 北京：中国农业出版社 .

柳玉晶，2016. LED 植物灯在花卉生产栽培中的应用现状及发展趋势 [J]. 辽宁农业职业技术学院学报 ,18(03):14−15+59.

孟彩霞，王合理，2010. 不同浓度营养液对樱桃番茄生长发育的影响 [J]. 塔里木大学学报 , 22(04):1–5.

王庆惠，李忠新，杨劲松，等，2014. 圣女果分段式变温变湿热风干燥特性 [J]. 农业工程学报 .

武琳苑，李雅旻，刘厚诚，2020. 植物工厂条件下 5 种十字花科蔬菜的生长和品质比较 [J]. 长江蔬菜 (20):41–45.

杨其长，2019. 植物工厂 [M]. 北京：清华大学出版社 .

杨杨，2011. 不同光谱能量分布对水培生菜幼菜品质及樱桃番茄幼苗光合产物分配的影响 [D]. 南京：南京农业大学 .

俞惠林，2005. 茉莉花盆栽及养护 [J]. 安徽林业 (04):30–30.

张义云，杨杰宇，2020. 无土栽培技术在农业上的应用 [J]. 广东蚕业 , 54(06):73–74.

张瑜 , 刘玉红 , 扎西顿珠 , 等，2020. 不同营养液浓度对水培生菜生长的影响 [J]. 西藏农业科技 ,42(01):54–56.